できたよ ★ シート

べんきょうが おわった ページの ばんごうに
「できたよシール」を はろう!

名前

スタート がんばるぞ!

| 1 | 2 | 3 | 4 |

| 9 | 8 | 7 | 6 | 5 |

その ちょうし!

| 10 | 11 | 12 | 13 | 14 |

ここで はんぶん!

＼算数パズル／

| 19 | 18 | 17 | 16 | 15 |

| 20 | 21 | 22 | 23 | 24 | 25 |

| 30 | 29 | 28 | 27 | 26 |

あと ちょっと!

| 31 | 32 | 33 | 34 | 35 | 36 |

ゴール

JN029444

| 37 |

2年文章題

やりきれるから自信がつく！

☑ 1日1枚の勉強で，学習習慣が定着！

◎目標時間に合わせ，無理のない量の問題数で構成されているので，
「1日1枚」やりきることができます。

◎解説が丁寧なので，まだ学校で習っていない内容でも勉強を進めることができます。

☑ すべての学習の土台となる「基礎力」が身につく！

◎スモールステップで構成され，1冊の中でも繰り返し練習していくので，
確実に「基礎力」を身につけることができます。「基礎」が身につくことで，発
展的な内容に進むことができるのです。

◎教科書に沿っているので，授業の進度に合わせて使うこともできます。

☑ 勉強管理アプリの活用で，楽しく勉強できる！

◎設定した勉強時間にアラームが鳴るので，学習習慣がしっかりと身につきます。

◎時間や点数などを登録していくと，成績がグラフ化されたり，
賞状をもらえたりするので，達成感を得られます。

◎勉強をがんばると，キャラクターとコミュニケーションを
取ることができるので，日々のモチベーションが上がります。

学研 毎日のドリルの **使い方**

1 1日1枚, 集中して解きましょう。

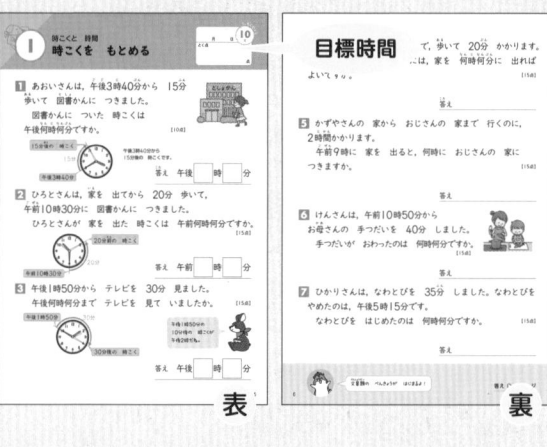

表 / 裏

◎ 1回分は, 1枚 (表と裏) です。
1枚ずつはがして使うこともできます。

◎ 目標時間を意識して解きましょう。

アプリのストップウォッチなどで, かかった時間を計るとよいでしょう。

・巻末の「まとめテスト」で, この本の内容が身についたかを確認できます。

2 おうちの方に, 答え合わせをしてもらいましょう。

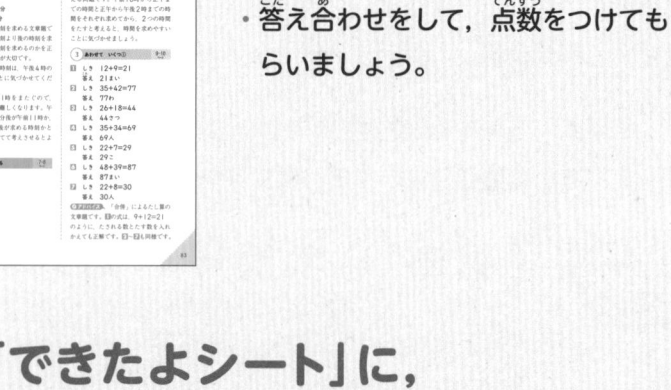

・本の最後に, 「答えとアドバイス」があります。

・答え合わせをして, 点数をつけてもらいましょう。

できなかった問題を解き直すと, よりカがつくよ!

3 「できたよシート」に, 「できたよシール」をはりましょう。

・勉強した回の番号に, 好きなシールをはりましょう。

4 アプリに得点を登録しましょう。

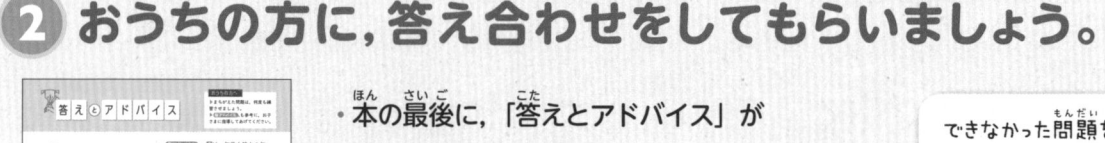

・アプリに得点を登録すると, 成績がグラフ化されます。
・勉強すると, キャラクターが育ちます。

♪ 毎日のドリル ♪
勉強管理アプリ

「毎日のドリル」シリーズ専用、スマートフォン・タブレットで使える無料アプリです。
1つのアプリでシリーズすべてを管理でき、学習習慣が楽しく身につきます。

アプリの無料ダウンロードはこちらから！
https://gakken-ep.jp/extra/maidori

---

① 「毎日のドリル」の学習を徹底サポート！

目標：10分00秒
0分09秒
いったん てい…
ストップ…

（これは やるきが でろうぎゅ！）

目標時間を意識しよう！

毎日の勉強タイムをお知らせする
「タイマー」

かかった時間を計る
「ストップウォッチ」

勉強した日を記録する
「カレンダー」

入力した得点を
「グラフ化」

---

② キャラクターと楽しく学べる！

べんきょう がんばるぎゅ〜

好きなキャラクターを選ぶことができます。勉強をがんばるとキャラクターが育ち、「ひみつ」や「ワザ」が増えます。

---

③ 1冊終わると、ごほうびがもらえる！

勉強するドリルを選ぼう

ひらがな・カタカナ　1年　国語
ぶんしょうだい　1年　国語
ずけい・たんい　1年　算数

ドリルが1冊終わるごとに、賞状やメダル、称号がもらえます。

---

④ 漢字と英単語のゲームにチャレンジ！

0分14秒

漢字のよみがなを当てよう
おう　口　王　天　人
　　　ひと　　　てん
　　　　　くち

自己ベスト更新を目指そう！

0分14秒
単語のいみを当てよう
　river
　cat
　egg

ゲームで、どこでも手軽に、楽しく勉強できます。漢字は学年別、英単語はレベル別に構成されており、ドリルで勉強した内容の確認にもなります。

① 時こくを　もとめる

1 あおいさんは，午後3時40分から　15分
歩いて　図書かんに　つきました。

図書かんに　ついた　時こくは
午後何時何分ですか。

【10点】

午後3時40分から
15分後の　時こくです。

答え　午後 ☐ 時 ☐ 分

2 ひろとさんは，家を　出てから　20分　歩いて，
午前10時30分に　図書かんに　つきました。

ひろとさんが　家を　出た　時こくは　午前何時何分ですか。

【15点】

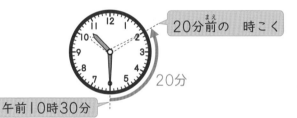

答え　午前 ☐ 時 ☐ 分

3 午後1時50分から　テレビを　30分　見ました。

午後何時何分まで　テレビを　見て　いましたか。

【15点】

午後1時50分の
10分後の　時こくが
午後2時だね。

答え　午後 ☐ 時 ☐ 分

4 まいさんの 家から えきまで，歩いて 20分 かかります。午後4時に えきに つくには，家を 何時何分に 出れば よいですか。 【15点】

答え _____

5 かずやさんの 家から おじさんの 家まで 行くのに，2時間かかります。

午前9時に 家を 出ると，何時に おじさんの 家に つきますか。 【15点】

答え _____

6 けんさんは，午前10時50分から お母さんの 手つだいを 40分 しました。

手つだいが おわったのは 何時何分ですか。 【15点】

答え _____

7 ひかりさんは，なわとびを 35分 しました。なわとびを やめたのは，午後5時15分です。

なわとびを はじめたのは 何時何分ですか。 【15点】

答え _____

文章題の べんきょうが はじまるよ！

答え ▶ 83ページ

1 ももかさんは, 午後2時20分に 家を 出て,

午後2時45分に 公園に つきました。家から 公園まで

行くのに かかった 時間は 何分ですか。　　　【10点】

午後2時20分から
午後2時45分までの
時間を もとめます。

答え [　　] 分(間)

2 はるとさんは, 午前8時から

午前11時まで やきゅうを しました。

何時間 やきゅうを しましたか。　【15点】

答え [　　] 時間

3 みずほさんは, 午後4時から 午後5時30分まで

べんきょうしました。

べんきょうした 時間は, 何時間何分ですか。　　　【15点】

べんきょうを
はじめた 時こく

べんきょうが
おわった 時こく

 →

答え [　　] 時間 [　　] 分

4 こうたさんは，午前10時10分から　午前10時40分まで
読書を　しました。

　読書を　して　いた　時間は　何分ですか。 【15点】

答え _____

5 まこさんは，午後3時から　午後5時まで
図書かんに　いました。

　図書かんに　いた　時間は　何時間ですか。 【15点】

答え _____

6 あすかさんは，午後3時15分から　午後4時まで
買いものを　しました。

　買いものを　して　いた　時間は　何分ですか。 【15点】

答え _____

7 りょうたさんは，午前10時に　家を　出て，
午後2時に　みずうみに　つきました。

　みずうみに　つくまでに，何時間　かかりましたか。 【15点】

答え _____

アプリに，とく点を　とうろくしよう！

答え ▶ 83ページ

月　日

10分

とく点

点

1 赤い　色紙が　12まい，青い　色紙が
9まい　あります。
あわせて　何まい　ありますか。

しき5点，答え5点【10点】

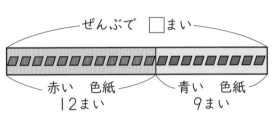

ぜんぶで □まい

赤い　色紙
12まい

青い　色紙
9まい

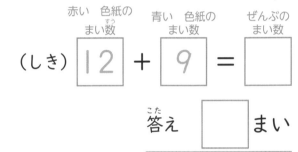

赤い　色紙の
まい数

青い　色紙の
まい数

ぜんぶの
まい数

(しき) 　12　＋　9　＝　□

答え　□　まい

2 公園に，すずめが　35わ，はとが　42わ　います。
あわせて　何わ　いますか。

しき8点，答え7点【15点】

ぜんぶで □わ

すずめ　35わ　　はと　42わ

(しき) □　＋　□　＝　□

答え　□　わ

3 本だなに，絵本が　26さつ，図かんが　18さつ　あります。
あわせて　何さつ　ありますか。

しき8点，答え7点【15点】

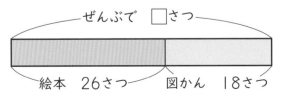

ぜんぶで □さつ

絵本　26さつ　　図かん　18さつ

(しき) □　＋　□　＝　□

答え　□　さつ

4 1組の 人数は 35人，2組の 人数は 34人です。
あわせて 何人ですか。

しき8点，答え7点【15点】

（しき）

答え _____

5 りんごが，はこの 中に 22こ，かごの
中に 7こ 入って います。
　りんごは，あわせて 何こ ありますか。

しき8点，答え7点【15点】

（しき）

答え _____

6 シールを，けんとさんは 48まい，妹は 39まい もって
います。
　シールは，あわせて 何まい ありますか。　しき8点，答え7点【15点】

（しき）

答え _____

7 広場に，子どもが 22人，大人が 8人 います。
あわせて 何人 いますか。

しき8点，答え7点【15点】

（しき）

答え _____

もんだい文は おちついて 読めたかな？

答え ▶ 83ページ

4 ふえると いくつ①

1 木に, はとが 15わ とまって います。
後(あと)から 7わ 来(く)ると, ぜんぶで 何(なん)わに
なりますか。

しき5点, 答え5点【10点】

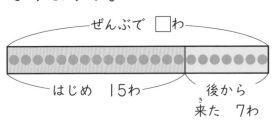

(しき) はじめの 数(かず) 15 ＋ ふえた 数 7 ＝ ぜんぶの 数

答(こた)え □ わ

2 ゆみさんは, おり紙(がみ)を 13まい もって います。弟(おとうと)から
24まい もらうと, ぜんぶで 何まいに なりますか。

しき8点, 答え7点【15点】

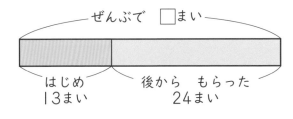

(しき) □ ＋ □ ＝ □

答え □ まい

3 バスに, おきゃくが 38人 のって いました。つぎの
バスていで, 13人 のって きました。
　おきゃくは, ぜんぶで 何人に なりましたか。

しき8点, 答え7点【15点】

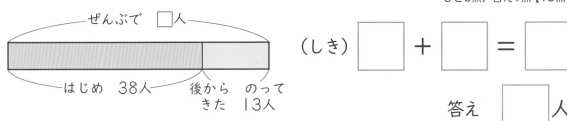

(しき) □ ＋ □ ＝ □

答え □ 人

4 ちゅう車場に，車が 14台 とまって います。後から 21台 入って くると，ぜんぶで 何台に なりますか。

しき8点，答え7点【15点】

（しき）

答え _____

5 ふくろの 中に，あめが 33こ 入って います。そこに 4こ 入れると，ぜんぶで 何こに なりますか。

しき8点，答え7点【15点】

（しき）

答え _____

6 いちごがりを して，いちごを 48こ つみました。あと 38こ つむと，ぜんぶで 何こに なりますか。 しき8点，答え7点【15点】

（しき）

答え _____

7 ごうさんは，なわとびを 57回 とびました。あと 5回 とぶと，ぜんぶで 何回 とんだ ことに なりますか。 しき8点，答え7点【15点】

（しき）

答え _____

今日も 元気に できたね！

答え ▶ 84ページ

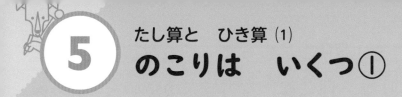

のこりは いくつ①

月　　日　**10**分

とく点

点

1 いちごが 25こ あります。そのうち
13こ 食べました。
いちごは 何こ のこって いますか。

しき5点，答え5点【10点】

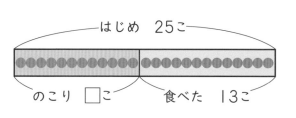

はじめ 25こ

のこり □こ　食べた 13こ

はじめの 数　食べた 数　のこりの 数

(しき) $25 - 13 =$

答え □こ

2 教室に，子どもが 34人 います。16人 出て いくと，
のこりは 何人に なりますか。

しき8点，答え7点【15点】

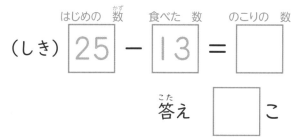

はじめ 34人

のこり □人　出て いった 16人

(しき) □ − □ = □

答え □人

3 青と 赤の 風船が，ぜんぶで 27こ あります。青い
風船は 18こです。
赤い 風船は 何こですか。

しき8点，答え7点【15点】

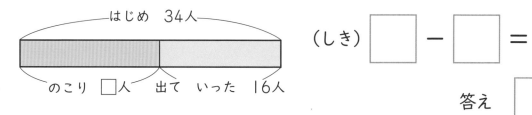

ぜんぶで 27こ

赤い 風船 □こ　青い 風船 18こ

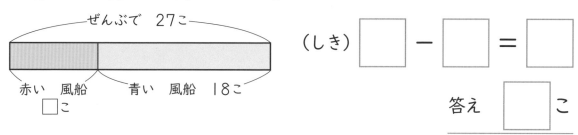

(しき) □ − □ = □

答え □こ

4 がくさんは, おはじきを 79こ もって います。妹に 25こ あげると, のこりは 何こに なりますか。

しき8点, 答え7点【15点】

(しき)

答え _____

5 まりさんは, 50円 もって います。45円の おかしを 買うと, のこりは 何円に なりますか。

しき8点, 答え7点【15点】

(しき)

答え _____

6 ぜんぶで 60ページの 本が あります。ゆかさんは, 今までに 33ページ 読みました。のこりは 何ページですか。

しき8点, 答え7点【15点】

(しき)

答え _____

7 えんぴつが 38本 あります。そのうち, 19本は けずって あります。けずって いない えんぴつは, 何本 ありますか。

しき8点, 答え7点【15点】

(しき)

答え _____

スラスラ できたかな? その ちょうし!

答え ▶ 84ページ

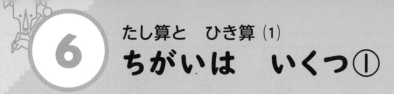

6 たし算と ひき算 (1)

ちがいは　いくつ①

月　　　日　　**10**分

とく点

点

1 いちごあめが　24こ，ぶどうあめが 12こ　あります。

いちごあめは，ぶどうあめより　何こ 多いですか。

しき5点，答え5点【10点】

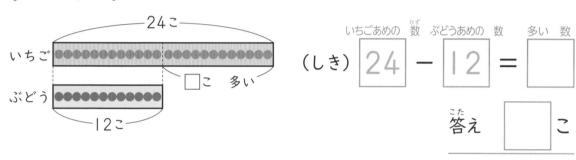

（しき） 24 − 12 ＝ □

いちごあめの 数　ぶどうあめの 数　多い 数

答え □ こ

2 電車に，大人が　56人，子どもが　33人　のって　います。 どちらが　何人　多いですか。

しき8点，答え7点【15点】

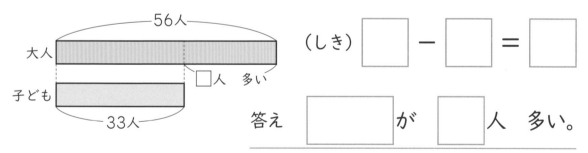

（しき） □ − □ ＝ □

答え □ が □ 人　多い。

3 どうぶつ園に，さるが　41ぴき，りすが　25ひき　います。 さると　りすの　数の　ちがいは　何びきですか。

しき8点，答え7点【15点】

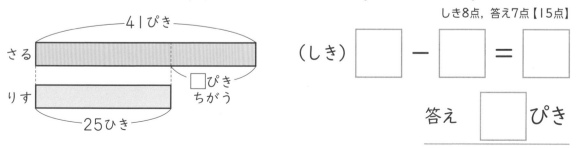

（しき） □ − □ ＝ □

答え □ ぴき

15

4 ボールが 32こ，グローブが 11こ あります。
ボールの 数は，グローブの 数より 何こ 多いですか。

しき8点，答え7点【15点】

（しき）

答え _____

5 牛にゅうパックを，1組は 68まい，
2組は 74まい あつめました。どちらが
何まい 多いですか。

しき8点，答え7点【15点】

（しき）

「どちらが〜」と 聞いて
いるので，「○○が〜」と
答えようね。

答え _____

6 えんぴつは 48円，けしゴムは 60円です。
えんぴつと けしゴムの ねだんの ちがいは
いくらですか。

しき8点，答え7点【15点】

（しき）

答え _____

7 2人で なわとびを しました。かなさんは 32回，
あすかさんは 9回 とびました。
どちらが 何回 多いですか。

しき8点，答え7点【15点】

（しき）

答え _____

今日も がんばったね。すばらしい！

答え ▶ 85ページ

7 たし算と　ひき算の　れんしゅう①

月　　日　15分
とく点

点

1 本だなに，まんがの　本が　25さつ，ものがたりの　本が
23さつ　あります。
　　あわせて　何さつ　ありますか。　　　　しき5点，答え5点【10点】

（しき）

答え _____

2 さいふの　中に　95円　入って　います。80円の　ノートを
買うと，のこりは　何円に　なりますか。　　しき5点，答え5点【10点】

（しき）

答え _____

3 池に，あひるが　19わ　います。後から
8わ　来ると，ぜんぶで　何わに　なりますか。
　　　　　　　　　　　　しき5点，答え5点【10点】

（しき）

答え _____

4 ぼく場に，牛が　23頭，馬が　31頭　います。
　　牛と　馬の　数の　ちがいは　何頭ですか。　しき5点，答え5点【10点】

（しき）

答え _____

5 いもほりで，さつまいもを　27本
とりました。そのうち　8本　食べました。
のこりは　何本ですか。　　　しき8点，答え7点【15点】

（しき）

答え _____

6 ぜんぶで　98ページの　本が　あります。かすみさんは，
今までに　49ページ　読みました。
　あと　何ページ　のこって　いますか。　　　しき8点，答え7点【15点】

（しき）

答え _____

7 子ども　45人，大人　36人で，ハイキングに　行きました。
　あわせて　何人で　行きましたか。　　　しき8点，答え7点【15点】

（しき）

答え _____

8 あきかんあつめで，アルミかんを　67こ，スチールかんを
81こ　あつめました。
　どちらが　何こ　多いですか。　　　しき8点，答え7点【15点】

（しき）

答え _____

れんしゅうを　しっかり　やれば，力が　つくよ。

答え ▶ 85ページ

月 日 10分

とく点

点

1 赤い 色紙が 11まい あります。青い
色紙は，赤い 色紙より 5まい
多いそうです。

青い 色紙は 何まい ありますか。

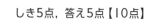

しき5点，答え5点【10点】

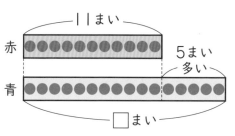

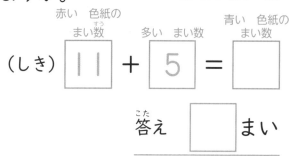

赤い 色紙の まい数　多い まい数　青い 色紙の まい数

(しき) 11 + 5 =

答え ☐ まい

2 れんさんは，あめを 18こ もって います。えりさんは，
れんさんより 6こ 多く もって います。

えりさんは 何こ もって いますか。

しき8点，答え7点【15点】

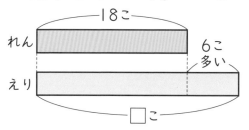

(しき) ☐ + ☐ = ☐

答え ☐ こ

3 えんぴつは 45円です。けしゴムは，えんぴつより 20円
高いそうです。けしゴムは いくらですか。

しき8点，答え7点【15点】

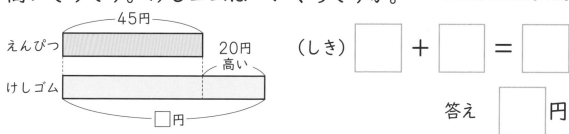

(しき) ☐ + ☐ = ☐

答え ☐ 円

4 校ていに, 1年生が 16人 います。2年生は, 1年生より 3人 多く います。

2年生は 何人 いますか。

しき8点, 答え7点【15点】

(しき)

答え _____

5 くりひろいで, みきさんは くりを 26こ ひろいました。さやかさんは, みきさんより 12こ 多く ひろいました。

さやかさんは 何こ ひろいましたか。

しき8点, 答え7点【15点】

(しき)

答え _____

6 りんごが 33こ あります。みかんは, りんごより 18こ 多いそうです。

みかんは 何こ ありますか。

しき8点, 答え7点【15点】

(しき)

答え _____

7 かずやさんの お母さんは 35さいです。お父さんは, お母さんより 5さい 年上です。

お父さんは 何さいですか。

しき8点, 答え7点【15点】

(しき)

答え _____

今日も さいごまで がんばったね！

答え ▶ 85ページ

9 少ない　ほうの　数を　もとめる

1 ゆみさんは，おはじきを　16こ　もって　います。妹は，ゆみさんより　3こ　少なく　もって　います。

妹は　何こ　もって　いますか。

しき5点，答え5点【10点】

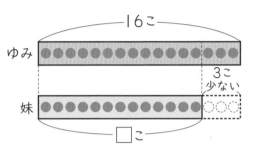

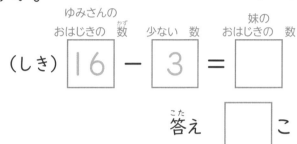

ゆみさんの
おはじきの　数　　少ない　数　　妹の
おはじきの　数

（しき）　16 － 3 ＝ □

答え □ こ

2 はとが　28わ　います。すずめは，はとより　6わ　少ないそうです。

すずめは　何わ　いますか。

しき8点，答え7点【15点】

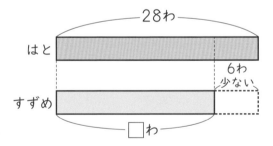

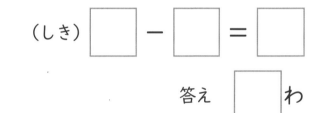

（しき）　□ － □ ＝ □

答え □ わ

3 赤い　花が　35本　さいて　います。青い　花は，赤い　花より　8本　少ないそうです。

青い　花は　何本　さいて　いますか。

しき8点，答え7点【15点】

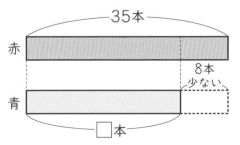

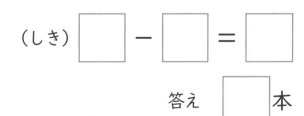

（しき）　□ － □ ＝ □

答え □ 本

4 店で, おにぎりを 29こ 売って います。パンは,
おにぎりより 5こ 少なく 売って います。
　パンは 何こ 売って いますか。　　　　しき8点, 答え7点【15点】

（しき）

答え _____

5 クッキーが 36まい あります。せんべいは, クッキーより
24まい 少ないそうです。
　せんべいは 何まい ありますか。　　　　しき8点, 答え7点【15点】

（しき）

答え _____

6 ノートは 75円です。えんぴつは,
ノートより 20円 やすいそうです。
　えんぴつの ねだんは いくらですか。

しき8点, 答え7点【15点】

（しき）

答え _____

7 南小学校の 2年生は 88人です。北小学校の 2年生は,
南小学校より 19人 少ないそうです。
　北小学校の 2年生は 何人ですか。　　　　しき8点, 答え7点【15点】

（しき）

答え _____

つかれた ときは, リフレッシュするのも いいね。

答え ▶ 86ページ

10 たし算と ひき算 (1)
（　）を　つかった　しき

月　　日　　**10**分
とく点

点

---

1 子どもが　6人　あそんで　います。
そこへ　8人　やって　きました。
また　2人　やって　きました。
　　子どもは，ぜんぶで　何人に　なりましたか。

しき8点，答え8点【32点】

① 子どもの　人数を　じゅんに
　　たして，答えを　もとめましょう。

はじめ 6人

（しき）　$\boxed{6}$ ＋ $\boxed{8}$ ＋ $\boxed{2}$ ＝ $\boxed{}$　　答え $\boxed{}$ 人

② ふえた　子どもの　人数を　まとめて
　　たして，答えを　もとめましょう。

はじめ 6人

ふえた　子どもの　人数
（しき）　$\boxed{6}$ ＋ （$\boxed{8}$ ＋ $\boxed{2}$） ＝ $\boxed{}$　　答え $\boxed{}$ 人

---

2 ゆうじさんは，色紙を　8まい　もって　います。
お兄さんから　4まい，妹から　6まい　もらいました。
　　色紙は，ぜんぶで　何まいに　なりましたか。

（もらった　色紙の　まい数を　まとめて　たして，答えを　もとめましょう。）

しき9点，答え8点【17点】

（しき）　$\boxed{}$ ＋ （$\boxed{}$ ＋ $\boxed{}$） ＝ $\boxed{}$　　答え $\boxed{}$ まい

23

3 まさとさんは，めだかを 9ひき かって
います。のぶやさんから 5ひき，
ひろきさんから 5ひき もらいました。

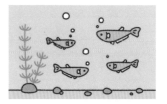

めだかは，ぜんぶで 何びきに なりましたか。

（もらった めだかの 数を まとめて たして，答えを もとめましょう。）

しき9点，答え8点【17点】

(しき)   □ + (□ + □) = □

答え _____

4 ちゅう車場に，車が 15台 とまって いました。
7台 入って きました。また 3台 入って きました。
車は，今 何台 ありますか。

（ふえた 車の 数を まとめて たして，答えを もとめましょう。）

しき9点，答え8点【17点】

(しき)   □ + (□ + □) = □

答え _____

5 58円の ノートと，28円の クッキーと，12円の
あめを 買います。
ぜんぶで 何円に なりますか。

（おかしの だい金を まとめて たして，答えを もとめましょう。）

しき9点，答え8点【17点】

(しき)   □ + (□ + □) = □

答え _____

今日で 10回。この ちょうしだ！

答え ▶ 86ページ

11 たし算と ひき算 (2)

あわせて いくつ②

1 店で，30円の あめと 80円の
チョコレートを 買います。
あわせて いくらに なりますか。

しき5点，答え5点【10点】

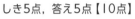

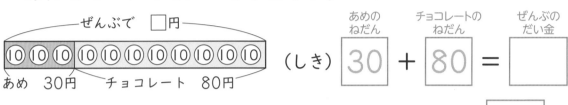

ぜんぶで □円
⑩⑩⑩ ⑩⑩⑩⑩⑩⑩⑩⑩
あめ 30円　チョコレート 80円

あめの　　チョコレートの　　ぜんぶの
ねだん　　ねだん　　　　　だい金

（しき） 30 ＋ 80 ＝

答え □円

2 1組の 本だなには 本が 56さつ，2組の 本だなには
本が 72さつ あります。
あわせて 何さつ ありますか。

しき8点，答え7点【15点】

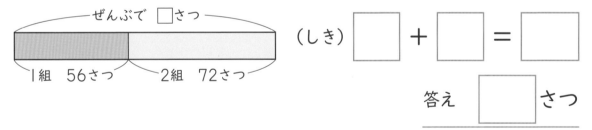

ぜんぶで □さつ
1組 56さつ　2組 72さつ

（しき） □ ＋ □ ＝ □

答え □さつ

3 体いくかんに，1年生が 67人，2年生が 57人 います。
あわせて 何人 いますか。

しき8点，答え7点【15点】

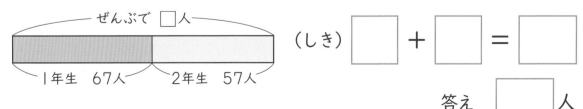

ぜんぶで □人
1年生 67人　2年生 57人

（しき） □ ＋ □ ＝ □

答え □人

4 海で，はんごとに　貝ひろいを　しました。1ぱんは

50こ，2はんは　70こ　ひろいました。

あわせて　何こ　ひろいましたか。　　　　しき8点，答え7点【15点】

（しき）

答え _____

5 えい画かんに，大人が　74人，子どもが　85人　います。

ぜんぶで　何人　いますか。　　　　しき8点，答え7点【15点】

（しき）

答え _____

6 ひまわりの　たねを，みずほさんは　58こ，

弟は　46こ　とりました。

あわせて　何こ　とりましたか。

しき8点，答え7点【15点】

（しき）

答え _____

7 みかんが，はこに　96こ，かごに　9こ　入って　います。

ぜんぶで　何こ　ありますか。　　　　しき8点，答え7点【15点】

（しき）

答え _____

べんきょうは，楽しく　やるのが　いちばん！

答え ▶ 86ページ

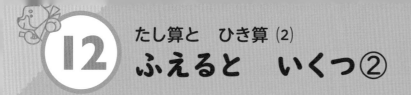

1 たつやさんは, ちょ金ばこに 90円
ちょ金して いました。今日 50円
ちょ金しました。

ちょ金は, ぜんぶで 何円に なりましたか。

しき5点, 答え5点【10点】

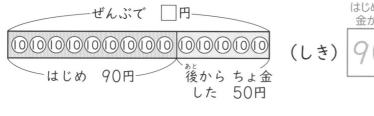

はじめの　後から ちょきん　ぜんぶの
金がく　　した 金がく　　金がく

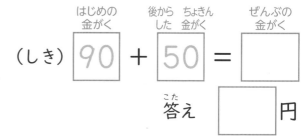

(しき) 90 + 50 =

答え 　　　円

2 ゆかさんは, 本を きのう 57ページ 読みました。
今日は, 52ページ 読みました。

ぜんぶで 何ページ 読みましたか。

しき8点, 答え7点【15点】

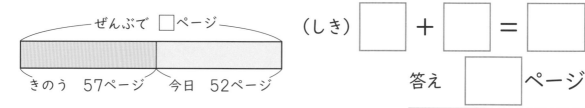

ぜんぶで □ページ

きのう 57ページ　今日 52ページ

(しき) □ + □ = □

答え □ ページ

3 うんどう会を しました。午前は 86人 見に きました。
午後は, さらに 37人 見に きました。

ぜんぶで 何人 見に きましたか。

しき8点, 答え7点【15点】

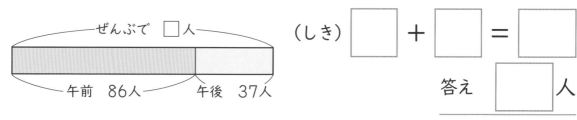

ぜんぶで □人

午前 86人　午後 37人

(しき) □ + □ = □

答え □ 人

4 かいだんを 80だんまで のぼりました。あと 35だん
のぼると, 何だん のぼった ことに なりますか。

しき8点, 答え7点【15点】

（しき）

答え ＿＿＿＿＿＿＿＿＿＿

5 先週, おり紙で つるを 66わ おりました。
今週は 84わ おりました。
　ぜんぶで 何わ おりましたか。 しき8点, 答え7点【15点】

（しき）

答え ＿＿＿＿＿＿＿＿＿＿

6 本だなに, 本が 99さつ ならんで います。今日
新しく 53さつ ならべました。
　ぜんぶで 何さつに なりましたか。　　　しき8点, 答え7点【15点】

（しき）

答え ＿＿＿＿＿＿＿＿＿＿

7 画用紙が 42まい あります。後から 79まい 買うと,
ぜんぶで 何まいに なりますか。　　　しき8点, 答え7点【15点】

（しき）

答え ＿＿＿＿＿＿＿＿＿＿

毎日 つづければ, 自しんが つくよ！

答え ▶ 87ページ

たし算と ひき算 (2)
のこりは いくつ②

月　日　10分

とく点

点

1 画用紙が 130まい あります。50まい つかうと,
のこりは 何まいに なりますか。

しき5点, 答え5点【10点】

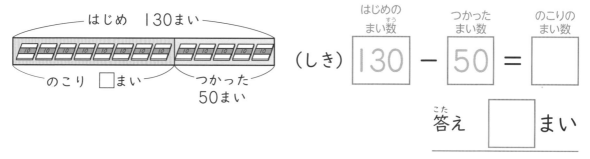

はじめ 130まい

のこり □まい　つかった 50まい

はじめの
まい数　つかった
まい数　のこりの
まい数

(しき)　130　－　50　＝

答え　□　まい

2 ぜんぶで 109ページの 本が あります。ひなたさんは
これまでに 85ページ 読みました。
　あと 何ページ のこって いますか。

しき8点, 答え7点【15点】

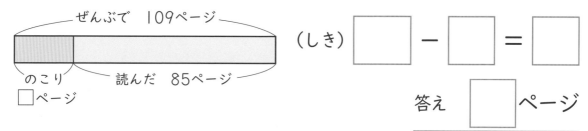

ぜんぶで 109ページ

のこり　読んだ 85ページ
□ページ

(しき)　□　－　□　＝　□

答え　□　ページ

3 ジュースと お茶が あわせて 154本
あります。そのうち, ジュースは 96本です。
　お茶は 何本 ありますか。

しき8点, 答え7点【15点】

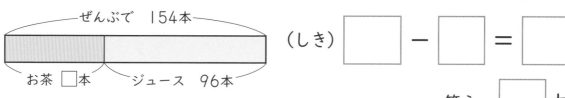

ぜんぶで 154本

お茶□本　ジュース 96本

(しき)　□　－　□　＝　□

答え　□　本

4 ごみひろいで，あきかんを　138こ　ひろいました。
　アルミかんは　86こで，のこりは　スチールかんでした。
　　スチールかんは　何こでしたか。

（しき）

　　　　　　　　　　　　　　　　　　　答え _____

5 あきさんは　150円　もって　います。96円の　ノートを
買うと，のこりは　何円に　なりますか。

（しき）

　　　　　　　　　　　　　　　　　　　答え _____

6 みかんが　100こ　あります。89人の　子どもに　1こずつ
くばると，何こ　あまりますか。

（しき）

　　　　　　　　　　　　　　　　　　　答え _____

7 赤と　青の　色紙が，あわせて　105まい
あります。赤い　色紙は　27まいです。
　　青い　色紙は　何まいですか。

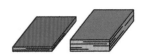

（しき）

　　　　　　　　　　　　　　　　　　　答え _____

しきが　正しくても，計算を　まちがえたら　もったいないよ。

答え ▶ 87ページ

月　日　⏱10分
とく点
点

1 うんどう会で，赤組の 点数は 110点，白組の 点数は 70点です。

赤組の 点数は，白組の 点数より 何点多いですか。

しき5点，答え5点【10点】

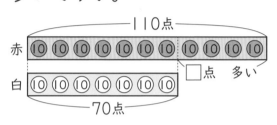

赤組の 点数　白組の 点数　多い 点数
（しき） 110 − 70 = ☐

答え ☐ 点

2 本を，ともみさんは 125ページ，妹は 98ページ読みました。どちらが 何ページ 多く 読みましたか。

しき8点，答え7点【15点】

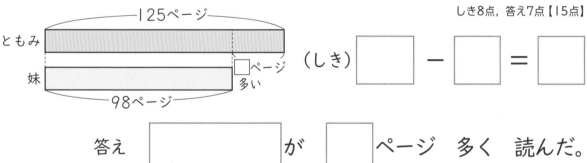

（しき） ☐ − ☐ = ☐

答え ☐ が ☐ ページ 多く 読んだ。

3 店で，ジュースを 105本，牛にゅうを 47本 売っています。数の ちがいは 何本ですか。

しき8点，答え7点【15点】

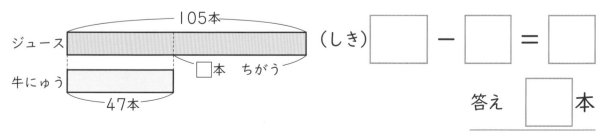

（しき） ☐ − ☐ = ☐

答え ☐ 本

31

4 はの　けんさで，むしばが　ある　人は
43人，ない　人は　121人でした。
　　むしばが　ない人は，ある　人より
何人　多いですか。　　　　　しき8点，答え7点【15点】

（しき）

答え ＿＿＿＿＿＿＿＿＿＿＿＿＿

5　花やで，赤い　ばらを　157本，黄色い　ばらを　63本
売って　います。
　　どちらが　何本　多いですか。　　　　しき8点，答え7点【15点】

（しき）

答え ＿＿＿＿＿＿＿＿＿＿＿＿＿

6　ボールペンは　95円，サインペンは　164円です。
　　ねだんの　ちがいは　何円ですか。　　しき8点，答え7点【15点】

（しき）

答え ＿＿＿＿＿＿＿＿＿＿＿＿＿

7　78円の　クッキーと　105円の　ゼリーが　あります。
　　どちらが　何円　高いですか。　　　　しき8点，答え7点【15点】

（しき）

答え ＿＿＿＿＿＿＿＿＿＿＿＿＿

おつかれさま！　今日も　がんばったね。

答え ▶ 87ページ

15 たし算と ひき算の れんしゅう②

月　日　15分
とく点
点

1 なわとびで, 1回めは　90回, 2回めは　120回
とびました。2回めは, 1回めより　何回　多く　とびましたか。

しき5点, 答え5点【10点】

(しき)

答え _____

2 おり紙が　39まい　あります。82まい
もらうと, ぜんぶで　何まいに　なりますか。

しき5点, 答え5点【10点】

(しき)

答え _____

3 1年生　94人と　2年生　86人に, えんぴつを　1本ずつ
くばります。えんぴつは, ぜんぶで　何本　いりますか。

しき5点, 答え5点【10点】

(しき)

答え _____

4 さいふの　中に　170円　入って　います。98円の　パンを
買うと, のこりは　何円に　なりますか。

しき5点, 答え5点【10点】

(しき)

答え _____

5 草原に，やぎが 96ぴき います。ひつじは，やぎより
9ひき 多いそうです。
　ひつじは 何びき いますか。　　　　　　しき8点，答え7点【15点】

(しき)

答え _____

6 図書室に，絵本が 162さつ，図かんが 67さつ
あります。どちらが 何さつ 多いですか。　　しき8点，答え7点【15点】

(しき)

答え _____

7 かきが，はこに 80こ，かごに 37こ 入って います。
　あわせて 何こに なりますか。　　　　　　しき8点，答え7点【15点】

(しき)

答え _____

8 まりさんは，52円の ドーナツと 28円の
あめを 買って，100円を 出しました。
　おつりは いくらですか。　　しき8点，答え7点【15点】

だい金を もとめてから
おつりを もとめよう。

(しき)

答え _____

もんだいを よく 読んで，しきを つくろう！

答え ▶ 88ページ

3けたの　数の　たし算

1 兄は　400円，弟は　300円　もって
います。あわせると　何円に　なりますか。

しき5点，答え5点【10点】

ぜんぶで □円
(100)(100)(100)(100)(100)(100)(100)
兄　400円　弟　300円

兄の　お金　弟の　お金　あわせた　お金
(しき)400 + 300 =

答え　　　円

2 ももを，きのうまでに　126こ，今日　49こ　とりました。
あわせて　何こ　とりましたか。

しき8点，答え7点【15点】

ぜんぶで □こ

きのうまで　126こ　今日
49こ

(しき) □ + □ = □

答え □ こ

3 赤い　色紙が　800まい　あります。青い　色紙は，赤い
色紙より　200まい　多いそうです。
　青い　色紙は　何まい　ありますか。

しき8点，答え7点【15点】

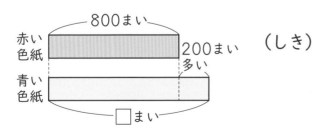

800まい
赤い
色紙　　　　200まい
　　　　　　多い
青い
色紙
□まい

(しき) □ + □ = □

答え □ まい

4 山に, 木が 638本 うえて あります。あと 7本
うえると, ぜんぶで 何本に なりますか。　しき8点, 答え7点【15点】

(しき)

答え＿＿＿＿＿＿＿＿＿＿＿

5 みかさんは 350円 もって います。お母さんから 40円
もらうと, ぜんぶで 何円に なりますか。　しき8点, 答え7点【15点】

(しき)

答え＿＿＿＿＿＿＿＿＿＿＿

6 きのう どうぶつ園に 来た 人は,
大人が 500人, 子どもが 700人でした。
あわせて 何人 来ましたか。
しき8点, 答え7点【15点】

(しき)

答え＿＿＿＿＿＿＿＿＿＿＿

7 池に, 赤い こいが 319ひき います。黒い こいは,
赤い こいより 54ひき 多いそうです。
黒い こいは 何びき いますか。　しき8点, 答え7点【15点】

(しき)

答え＿＿＿＿＿＿＿＿＿＿＿

3けたの 数の 文章題まで きたね！

答え ▶ 88ページ

月　日

1 青い ビーズが 800こ, 赤い ビーズが 300こ あります。
青い ビーズは, 赤い ビーズより 何こ 多いですか。

しき5点, 答え5点【10点】

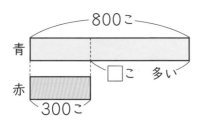

（しき） 800 － 300 ＝ □

答え □ こ

2 船に, 大人が 284人 のって います。
子どもは 大人より 9人 少ないそうです。
子どもは 何人 のって いますか。

しき8点, 答え7点【15点】

（しき） □ － □ ＝ □

答え □ 人

3 192ページ ある 本を, 38ページまで 読みました。
のこりは 何ページですか。

しき8点, 答え7点【15点】

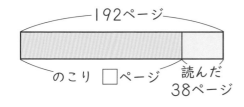

（しき） □ － □ ＝ □

答え □ ページ

4 くりが 500こ，かきが 200こ あります。
くりは，かきより 何こ 多いですか。 しき8点，答え7点【15点】

（しき）

答え _____

5 700円の ケーキを 買って，
1000円 出しました。
おつりは いくらですか。 しき8点，答え7点【15点】

（しき）

答え _____

6 ゆいさんの せの 高さは 125cmで，ひなさんは
ゆいさんより 7cm ひくいそうです。
ひなさんの せの 高さは 何cmですか。 しき8点，答え7点【15点】

（しき）

答え _____

7 画用紙が 562まい あります。45まい つかうと，
のこりは 何まいに なりますか。 しき8点，答え7点【15点】

（しき）

答え _____

毎日の べんきょうで，力は しっかり ついて いるよ。

答え ▶ 88ページ

18 3けたの 数の たし算，ひき算の れんしゅう

とく点

月 日 15分

点

1 ひまわりの たねを，きのうは 400こ，今日は 600こ とりました。

　今日は，きのうより 何こ 多く とりましたか。

しき5点，答え5点【10点】

(しき)

答え＿＿＿＿＿＿＿＿

2 300円の ハンカチと 500円の タオルを 買いました。だい金は いくらですか。

しき5点，答え5点【10点】

(しき)

答え＿＿＿＿＿＿＿＿

3 今日 水ぞくかんに 来た 人は，大人と 子どもを あわせて 1000人でした。そのうち，大人は 400人です。

　子どもは 何人 来ましたか。

しき5点，答え5点【10点】

(しき)

答え＿＿＿＿＿＿＿＿

4 画用紙が 800まい あります。さらに 300まい 買うと，ぜんぶで 何まいに なりますか。

しき5点，答え5点【10点】

(しき)

答え＿＿＿＿＿＿＿＿

5 東小学校の 子どもの 数は 412人で，西小学校の 子どもの 数は，東小学校より 6人 少ないそうです。
　西小学校には，子どもが 何人 いますか。　しき8点，答え7点【15点】

（しき）

答え _____

6 2年1組では，今までに つるを 457わ おりました。
あと 26わ おると，ぜんぶで 何わに なりますか。
しき8点，答え7点【15点】

（しき）

答え _____

7 みおさんは 180円 もって います。38円の
あめを 買うと，のこりは いくらに なりますか。
しき8点，答え7点【15点】

（しき）

答え _____

8 ものがたりの 本は 224ページ あります。図かんは，
ものがたりの 本より 48ページ 多いそうです。
　図かんは 何ページ ありますか。　しき8点，答え7点【15点】

（しき）

答え _____

つぎの 回は，楽しい パズルだよ。

答え ▶ 89ページ

［何と　書いて　あるかな？］

1 友だちから　手紙が　来たよ。何と　書いて　あるかな？
　下の　ますの，左の　数と　上の　数を　たして，答えを
書こう。答えが　35と　65に　なる　ますの　右下の
文字を，左から　じゅんに　□に　書けば　わかるよ。

┌17+7の　答えを　書く。

＋	7	19	48	21	35
17	24 か	み	で	き	だ
28	お	け	し	ら	ね
30	い	り	ば	く	う
46	さ	め	ろ	へ	め
14	ひ	く	す	と	ん

答え たん生日 | | | | | |

41

2 友だちに へんじを おくったよ。何と 書いたかな？

　下の ますの，左の 数から 上の 数を ひいて，答えを 書こう。答えが 46と 58に なる ますの 右下の 文字を，左から じゅんに □に 書けば わかるよ。

90−28の 答えを 書く。

−	28	32	5	13	27
90	62し	り	き	い	す
85	め	ん	く	で	う
51	げ	い	が	せ	た
74	あ	か	む	え	る
59	ち	ず	ぱ	と	こ

答え　おいわいの　手紙　□□□□□

答え ▶ 89ページ

かけ算の しき

月　日　**10**分

とく点

点

1 □に 数を 書きましょう。　1つ4点【12点】

①

1さらに 2 こずつ 3 さら分で □ こ

②

1台に □ 人ずつ □ 台分で □ 人

③

1本 □ cmずつ □ 本分で □ cm

2 かけ算の しきに 書きましょう。　1つ7点【28点】

| 1つ分の 数 | | いくつ分 |

① 　5こ

　5 × 4

② 　2本

　□ × □

③ 　7ひき　の 3つ分

　□ × □

④ 　3こ　の 9つ分

　□ × □

3 ぜんぶで どれだけですか。かけ算の しきに 書いて, 答えを もとめましょう。

しき8点，答え7点【30点】

① （しき） ☐ × ☐ = ☐   答え ☐ こ

② （しき） ☐ × ☐ = ☐   答え ☐ こ

4 ぜんぶで どれだけですか。かけ算の しきに 書いて, 答えを たし算で もとめましょう。

しき8点，答え7点【30点】

① の 4つ分は 何本ですか。

（しき）

答え _____

② の 5さつ分の あつさは 何cmですか。

6cm

（しき）

答え _____

ここからは かけ算の 文章題！ しきは 書けたかな？

答え ▶ 89ページ

月　　日　　10分
とく点

点

1 1ふくろに　みかんが　5こずつ　入って
います。3ふくろでは，みかんは　何こに
なりますか。

しき5点，答え5点【10点】

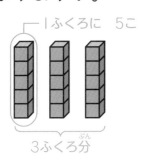
1ふくろに　5こ
3ふくろ分

1つ分の数　　いくつ分　　ぜんぶの数

（しき）　5　×　3　=　□

答え　□　こ

2 1パックに　2こずつ　入って　いる　ヨーグルトを，4パック
買いました。ヨーグルトは，ぜんぶで　何こ　ありますか。

しき8点，答え7点【15点】

1パックに　2こ
4パック分

（しき）　□　×　□　=　□

答え　□　こ

3 1本の　長さが　3cmの　テープを　6本　つなぐと，
ぜんぶで　何cmに　なりますか。

しき8点，答え7点【15点】

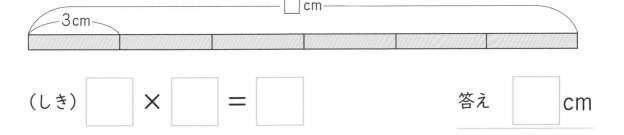
□cm
3cm

（しき）　□　×　□　=　□　　　答え　□　cm

45

4 いちごが　4こずつ　のって　いる　さらが，5さら
あります。
　　いちごは，ぜんぶで　何(なん)こ　ありますか。　　　しき8点，答え7点【15点】

（しき）

答(こた)え _____

5 公園(こうえん)に，2人(ふたり)がけの　いすが　8つ
あります。
　　ぜんぶで　何人　すわれますか。

しき8点，答え7点【15点】

（しき）

答え _____

6 バナナを　1人(ひとり)に　3本ずつ，9人に　くばります。
　　バナナは，ぜんぶで　何本　いりますか。　　　しき8点，答え7点【15点】

（しき）

答え _____

7 1まい　5円の　色紙(いろがみ)を　2まい　買(か)うと，だい金は
いくらに　なりますか。　　　　　　　　　　　　しき8点，答え7点【15点】

（しき）

答え _____

しきを　書(か)いて，答えも　出せたね。よく　できました。

答え ▶ 90ページ

22 かけ算
6，7，8，9，1の だんの かけ算

月　　日　⏱10分

とく点

点

---

1 6こ入りの チーズの はこが 2はこ あります。

チーズは，ぜんぶで 何こ ありますか。

しき5点，答え5点【10点】

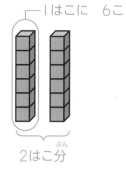

┌1はこに 6こ

2はこ分

1つ分の 数　　いくつ分　　ぜんぶの 数

（しき） 6 × 2 = ☐

答え ☐ こ

---

2 おり紙を 1人に 7まいずつ，5人に くばります。

おり紙は，ぜんぶで 何まい いりますか。

しき8点，答え7点【15点】

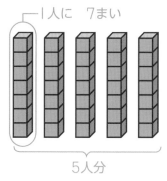

┌1人に 7まい

5人分

（しき） ☐ × ☐ = ☐

答え ☐ まい

---

3 1はこに サインペンが 8本 入って います。

7はこでは，サインペンは 何本に なりますか。

しき8点，答え7点【15点】

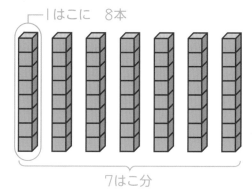

┌1はこに 8本

7はこ分

（しき） ☐ × ☐ = ☐

答え ☐ 本

47

4 9人で チームを つくって やきゅうを します。
4チームでは, 何人に なりますか。

しき8点, 答え7点【15点】

（しき）

答え _____

5 お楽しみ会で, ケーキを 1人に 1こずつ くばります。
8人分では, ケーキは 何こ いりますか。

しき8点, 答え7点【15点】

（しき）

答え _____

6 1はこに ももが 8こ 入って
います。
6ぱこでは, ももは 何こ
ありますか。

しき8点, 答え7点【15点】

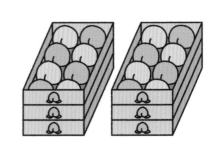

（しき）

答え _____

7 計算の もんだいを 1日に 6だい れんしゅうします。
9日間では, 何だい れんしゅうできますか。

しき8点, 答え7点【15点】

（しき）

答え _____

今日も ぜっこうちょう！

答え ▶ 90ページ

1 さらが　6さら　あります。1さらに
あめが　5こずつ　のって　います。
　あめは，ぜんぶで　何こ　ありますか。

しき5点，答え5点【10点】

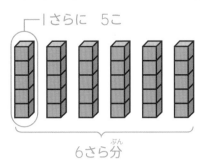

—1さらに　5こ

6さら分

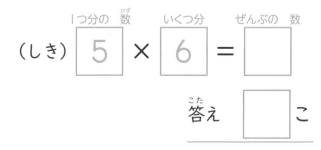

（しき）　5　×　6　=　□

1つ分の数　　いくつ分　　ぜんぶの数

答え　□　こ

2 ガムを　3こ　買います。ガムの　ねだんは　1こ　6円です。
　ぜんぶで　いくらに　なりますか。

しき8点，答え7点【15点】

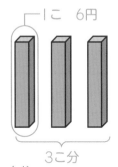

—1こ　6円

3こ分

（しき）　□　×　□　=　□

答え　□　円

3 長いすが　7つ　あります。
　1つの　長いすに　4人ずつ　すわると，ぜんぶで　何人
すわれますか。

しき8点，答え7点【15点】

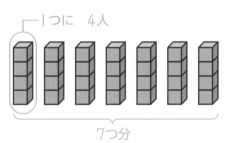

—1つに　4人

7つ分

（しき）　□　×　□　=　□

答え　□　人

4 8人で つるを おって います。
1人が 3わずつ おります。
　ぜんぶで 何わ おれますか。

しき8点, 答え7点【15点】

（しき）

答え ＿＿＿＿＿＿＿＿＿＿

吹き出し内：（1つ分の 数）×（いくつ分）に なるように，しきを 書こう。

5 同じ 長さの テープが 6本 あります。1本の 長さは 7cmです。
　テープは，あわせて 何cmですか。

しき8点, 答え7点【15点】

（しき）

答え ＿＿＿＿＿＿＿＿＿＿

6 5まいの ふくろの 中に，みかんを 9こずつ 入れると，ぜんぶで 何こ 入りますか。

しき8点, 答え7点【15点】

（しき）

答え ＿＿＿＿＿＿＿＿＿＿

7 広場に，シートが 9まい しいて あります。1まいに 4人ずつ すわると，ぜんぶで 何人 すわれますか。

しき8点, 答え7点【15点】

（しき）

答え ＿＿＿＿＿＿＿＿＿＿

しきは 正しく 書けたね。すばらしい！

答え ▶ 90ページ

24 ばいと　かけ算

1 つぎの　大きさを，かけ算の　しきに　書いて
もとめましょう。

しき5点，答え5点【30点】

①  の　2ばい

8人

１つ分の　数　　　ばい　　　ぜんぶの　数

（しき）　$8 \times 2 =$ 　　　　　答え　　　　人

②  の　8ばい

5ひき

（しき）

答え _____

③ 7円の　9ばい

（しき）

答え _____

2 赤い　テープの　長さは　2cmです。青い　テープの
長さは，赤い　テープの　4ばいです。
　青い　テープの　長さは　何cmですか。

しき5点，答え5点【10点】

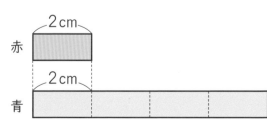

2cm
赤

2cm
青

１つ分の　数　　　ばい　　　ぜんぶの　数

（しき）　　　　$\times$　　　$=$

答え　　　　cm

3 本を，ゆきさんは 3さつ もって います。
お姉_{ねえ}さんは その 7ばい もって います。
お姉さんは 何_{なん}さつ もって いますか。

しき8点，答え7点【15点】

7ばいは，7つ分_{ぶん}と いう ことだね。

(しき)

答_{こた}え _____

4 あつさの ちがう 本が あります。うすい 本の あつさは
8mmで，あつい 本の あつさは その 3ばいです。
あつい 本の あつさは 何mmですか。　　しき8点，答え7点【15点】

(しき)

答え _____

5 しょうさんの 弟_{おとうと}の 年れいは 5さいです。お父_{とう}さんの
年れいは，弟の 8ばいです。
お父さんの 年れいは 何さいですか。　　しき8点，答え7点【15点】

(しき)

答え _____

6 下の 直線_{ちょくせん}の 長_{なが}さは，4cmの 6ばいです。
直線の 長さは 何cmですか。　　しき8点，答え7点【15点】

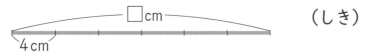

□cm

4 cm

(しき)

答え _____

「何ばい」も かけ算_{ざん}で もとめられるのが わかったね。

答え ▶ 91ページ

1 1つの はんに 7人ずつ, 8つの はんが あります。
ぜんぶで 何人 いますか。

しき5点, 答え5点【10点】

（しき）

答え _____

2 ボートが 2そう あります。
1そうに 3人ずつ のると, ぜんぶで
何人 のれますか。　　しき5点, 答え5点【10点】

（しき）

答え _____

3 1日に ドリルを 6ページずつ します。
4日間では 何ページ できますか。

しき5点, 答え5点【10点】

（しき）

答え _____

4 まりさんは 2mの リボンを もって います。妹の
もっている リボンの 長さは, まりさんの 9ばいです。
妹の リボンの 長さは 何mですか。

しき5点, 答え5点【10点】

（しき）

答え _____

5 8こ入りの　せっけんの　はこが　5はこ　あります。
　　せっけんは，ぜんぶで　何こ　ありますか。　　しき8点，答え7点【15点】
（しき）

答え _____

6 高さが9cmの　はこを　3ぱこ　かさねます。
　　高さは　何cmに　なりますか。　　しき8点，答え7点【15点】
（しき）

答え _____

7 画用紙が　2まい　あります。
　　1まいの　画用紙から　4まいの　カードを　作ると，
カードは　ぜんぶで　何まい　できますか。　　しき8点，答え7点【15点】
（しき）

答え _____

8 1はこに　魚が　5ひき　入った　はこを
9はこ　買いました。
　　買った　魚は，ぜんぶで　何びきですか。

しき8点，答え7点【15点】
（しき）

答え _____

れんしゅうも　しっかり　できたね。

答え ▶ 91ページ

1 バナナが　3本ずつ　のって　いる　さらが
12さら　あります。

　バナナは，ぜんぶで　何本^{なんぼん}　ありますか。

しき5点，答え5点【10点】

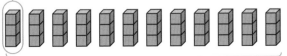

1さらに　3本

12さら分^{ぶん}

3×9=27 ➡ 3×10=30 ➡ 3×11=33……
　　　　3　ふえる　　　3　ふえる

（しき）　| 1つ分の　数^{かず} | いくつ分 | ぜんぶの　数 |

$3 \times 12 = \boxed{}$

答え^{こた}　□　本

2 11この　水そうの　中に，めだかが　5ひきずつ　います。

　めだかは，ぜんぶで　何びき　いますか。

しき8点，答え7点【15点】

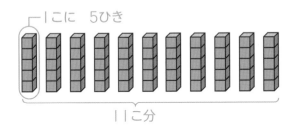

1こに　5ひき

11こ分

（しき）　$\boxed{} \times \boxed{} = \boxed{}$

答え　□　ひき

3 チョコレートが　12こずつ　入った　はこが
2はこ　あります。

　チョコレートは，ぜんぶで　何こ　ありますか。

しき8点，答え7点【15点】

1はこに
12こ

（しき）　$\boxed{} \times \boxed{} = \boxed{}$　　答え　□　こ

2はこ分

55

4 くりが 4こずつ 入った ふくろが 10ぷくろ あります。
くりは, ぜんぶで 何こ ありますか。

しき8点, 答え7点【15点】

（しき）

答え _____

5 3チームが サッカーの しあいを
します。1チームは 11人です。
みんなで 何人 いますか。

しき8点, 答え7点【15点】

（しき）

答え _____

6 12人の 子どもに, カードを 5まいずつ くばります。
カードは, ぜんぶで 何まい いりますか。

しき8点, 答え7点【15点】

（しき）

答え _____

7 1本 13円の キャンディーを 3本 買うと, だい金は
いくらですか。

しき8点, 答え7点【15点】

（しき）

答え _____

アプリに, とく点を とうろくしよう！

答え ▶ 91ページ

長さの 計算

1 右の 図を 見て，つぎの もんだいに 答えましょう。

しき5点，答え5点【20点】

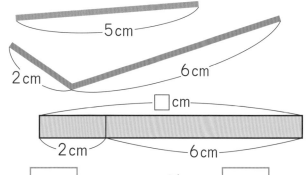

① 赤い 線の 長さは どれだけですか。

（しき）　2 cm ＋ 6 cm ＝ □ cm　　答え □ cm

② 赤い 線と 青い 線の 長さの ちがいは どれだけですか。

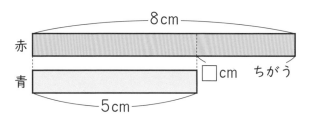

（しき）
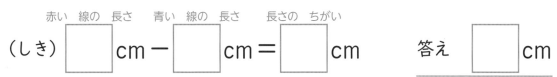
赤い 線の 長さ □ cm － 青い 線の 長さ □ cm ＝ 長さの ちがい □ cm　　答え □ cm

2 長さが 12m8cmの ひもが ありました。この ひもを 9m つかいました。
のこりの 長さは どれだけですか。

しき5点，答え5点【10点】

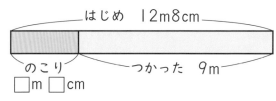

（しき）
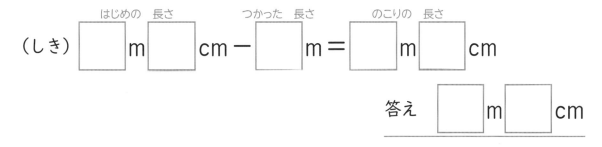
はじめの 長さ □ m □ cm － つかった 長さ □ m ＝ のこりの 長さ □ m □ cm

答え □ m □ cm

3 6cm5mmの テープと 7cmの テープを
つなげると, ぜんたいの 長さは
どれだけに なりますか。

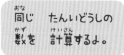

同じ たんいどうしの 数を 計算するよ。

しき8点, 答え7点【15点】

(しき)

答え _____

4 長さが 9cm8mmの ひもが あります。5mm 切りとると,
のこりは どれだけに なりますか。

しき8点, 答え7点【15点】

(しき)

答え _____

5 るみさんの せの 高さは 1m20cmです。るみさんが
高さ 20cmの いすの 上に 立つと, ゆかからの 高さは
どれだけに なりますか。

しき10点, 答え10点【20点】

(しき)

答え _____

6 雪に 1m50cmの ぼうを さしたら,
雪の 上に 35cm 出ました。
　雪の ふかさは どれだけですか。

しき10点, 答え10点【20点】

□m□cm

(しき)

答え _____

今日も しっかり べんきょうが できたね。

答え ▶ 92ページ

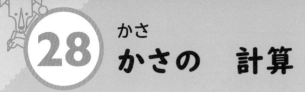

28 かさ
かさの 計算

1 水が，バケツに **2L5dL**，せんめんきに **2L** 入って
います。

しき5点，答え5点【20点】

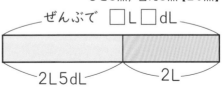

ぜんぶで □L □dL

2L5dL　　2L

① 水は，あわせて どれだけに
なりますか。

(しき) 2 L 5 dL + 2 L = □ L □ dL

答え □ L □ dL

② バケツには，せんめんきより 水が
どれだけ 多く 入って いますか。

2L5dL

バケツ

せんめんき　　□dL 多い

2L

(しき) □ L □ dL − □ L = □ dL

答え □ dL

2 水が，大きい 水そうに **3L2dL**，小さい 水そうに
8dL 入って います。
水は，あわせて どれだけに
なりますか。

しき5点，答え5点【10点】

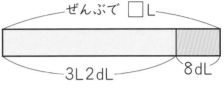

ぜんぶで □L

3L2dL　　8dL

(しき) □ L □ dL + □ dL = □ L

答え □ L

3 かんに，あぶらが 4L 入って います。
そこへ あぶらを 1L4dL 入れると，
あぶらは ぜんぶで どれだけに なりますか。

同じ たんいどうしの 数を 計算しよう。

しき8点，答え7点【15点】

（しき）

答え _____

4 牛にゅうが 1L6dL あります。
6dL のむと，のこりは どれだけに なりますか。

しき8点，答え7点【15点】

（しき）

答え _____

5 りんごジュースが 2L7dL，オレンジジュースが
3dL あります。

しき10点，答え10点【40点】

① ジュースは，あわせて どれだけ ありますか。
（しき）

答え _____

② りんごジュースは，オレンジジュースより どれだけ 多いですか。
（しき）

答え _____

長さと かさ，どちらも もう だいじょうぶだね。

答え ▶ 92ページ

1 あめが　何こか　ありました。8こ
あげたら、のこりが　7こに　なりました。
あめは、はじめに　何こ　ありましたか。

しき5点，答え5点【10点】

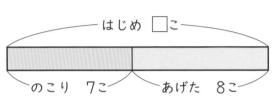

のこりの数　　あげた数　　はじめの数

（しき）　7　+　8　=　□

答え　□こ

2 広場に　はとが　いました。12わ　とんで　いったので、
4わに　なりました。
はとは、はじめに　何わ　いましたか。

しき8点，答え7点【15点】

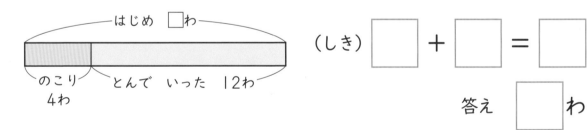

（しき）　□　+　□　=　□

答え　□わ

3 リボンを　30cm　つかったので、のこりが　40cmに
なりました。リボンは、はじめに　何cm　ありましたか。

しき8点，答え7点【15点】

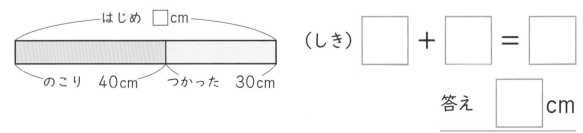

（しき）　□　+　□　=　□

答え　□cm

4 教室に 何人か いました。9人 出て
いったので, のこりが 13人に なりました。
　　はじめに 何人 いましたか。しき8点, 答え7点【15点】

はじめの 人数は
のこりの 人数より
多いよ。

(しき)

答え _____

5 おり紙が 何まいか ありました。20まい つかったので,
のこりが 60まいに なりました。おり紙は, はじめに
何まい ありましたか。

しき8点, 答え7点【15点】

(しき)

答え _____

6 くみさんは 本を 読んで います。これまでに 45ページ
読んだので, のこりが 48ページに なりました。この 本は,
ぜんぶで 何ページ ありますか。　　しき8点, 答え7点【15点】

(しき)

答え _____

7 あきさんは 買いものに 行きました。店で 62円
つかったので, のこりが 28円に なりました。
　　はじめに 何円 もって いましたか。しき8点, 答え7点【15点】

(しき)

答え _____

今日も がんばったね。毎日の どりょくが だいじだよ。

答え ▶ 93ページ

1 ジュースが　何本か　ありました。6本 買って　きたので，ぜんぶで　13本に なりました。ジュースは，はじめに　何本 ありましたか。

しき5点，答え5点【10点】

ぜんぶで　13本

はじめ □本　　買って　きた 6本

ぜんぶの　本数　　買って　きた 本数　　はじめの　本数

（しき） 13 － 6 ＝ □

答え □本

2 色紙が　何まいか　ありました。12まい　もらったので， ぜんぶで　45まいに　なりました。

色紙は，はじめに　何まい　ありましたか。

しき8点，答え7点【15点】

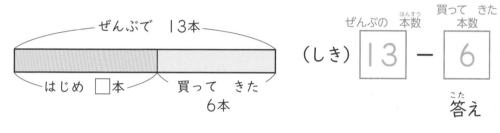

ぜんぶで　45まい

はじめ □まい　　もらった 12まい

（しき） □ － □ ＝ □

答え □まい

3 池に，かえるが　何びきか　いました。26ぴき　入って きたので，ぜんぶで　50ぴきに　なりました。

かえるは，はじめに　何びき　いましたか。

しき8点，答え7点【15点】

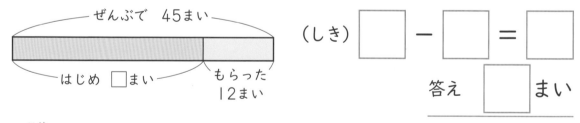

ぜんぶで　50ぴき

はじめ □ひき　　入って　きた 26ぴき

（しき） □ － □ ＝ □

答え □ひき

63

4 かごに, ボールが 何こか 入って
いました。そこへ ボールを 15こ
入れたので, ぜんぶで 28こに なりました。
　ボールは, はじめに 何こ 入って いましたか。

しき8点, 答え7点【15点】

（しき）

はじめの ボールの 数は,
28こより 少ないよ。

答え _____

5 おこづかいが 何円か ありました。お母さんから 60円
もらったので, ぜんぶで 90円に なりました。
　おこづかいは, はじめに 何円 ありましたか。

しき8点, 答え7点【15点】

（しき）

答え _____

6 みかんが 何こか ありました。29こ 買って きたので,
ぜんぶで 48こに なりました。
　みかんは, はじめに 何こ ありましたか。　しき8点, 答え7点【15点】

（しき）

答え _____

7 バスに, おきゃくが 何人か のって います。あと 8人
のると, みんなで 40人に なります。
　今, バスに 何人 のって いますか。　しき8点, 答え7点【15点】

（しき）

答え _____

べんきょうに 近道は ないよ。コツコツ がんばろう！

答え ▶ 93ページ

月　　日
とく点

点

1 水そうに，めだかが　12ひき　いました。
そこへ　めだかを　何びきか　入れたので，
ぜんぶで　24ひきに　なりました。

後から　入れた　めだかは　何びきですか。

しき5点，答え5点【10点】

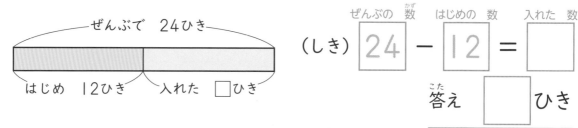

ぜんぶの　数　　はじめの　数　　入れた　数

（しき）24 － 12 ＝ □

答え □ ひき

2 海で，貝を　29こ　ひろいました。弟から　何こか
もらったので，ぜんぶで　38こに　なりました。

弟から　もらった　貝は　何こですか。

しき8点，答え7点【15点】

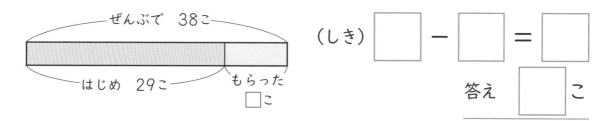

（しき）□ － □ ＝ □

答え □ こ

3 ばらの　花が，きのう　15こ　さいて　いました。今日は
ぜんぶで　22こ　さいて　います。

今日　さいた　ばらの　花は　何こですか。

しき8点，答え7点【15点】

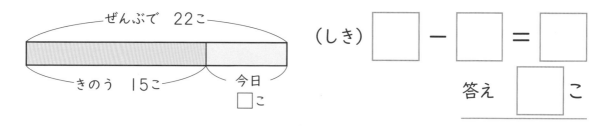

（しき）□ － □ ＝ □

答え □ こ

65

4 あやかさんは，シールを 57まい もって いました。お姉さんから 何まいか もらったので，ぜんぶで 68まいに なりました。

シールを 何まい もらいましたか。

しき8点，答え7点【15点】

（しき）

答え _____

5 きのう 本を 43ページ 読みました。今日 その 本を 何ページか 読んだので，ぜんぶで 70ページ 読みました。

今日 何ページ 読みましたか。

しき8点，答え7点【15点】

（しき）

答え _____

6 ゴムひもの 長さは 32cmです。何cmか のばしたら，ゴムひもの 長さは 99cmに なりました。

ゴムひもを 何cm のばしましたか。

しき8点，答え7点【15点】

（しき）

答え _____

7 みずうみに，白鳥が 74わ いました。後から 何わか とんで きたので，ぜんぶで 82わに なりました。

何わ とんで きましたか。

しき8点，答え7点【15点】

（しき）

答え _____

今日も しっかり べんきょうが できたね。この ちょうし！

答え ▶ 94ページ

へったのは　いくつ

1 木に，りんごが　40こ　なって　いました。何こか　とったので，のこりが　20こに　なりました。

何こ　とりましたか。

しき5点，答え5点【10点】

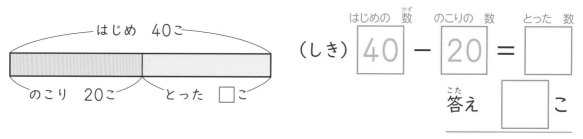

2 校ていで，子どもが　23人　あそんで　いました。何人か　教室に　もどったので，のこりが　11人に　なりました。

何人　もどりましたか。

しき8点，答え7点【15点】

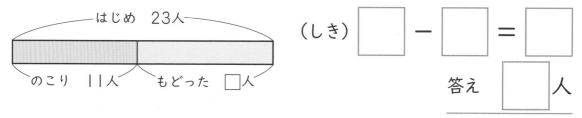

3 58cmの　リボンが　ありました。花かざりを　作るのに　何cmか　つかったので，のこりが　9cmに　なりました。

何cm　つかいましたか。

しき8点，答え7点【15点】

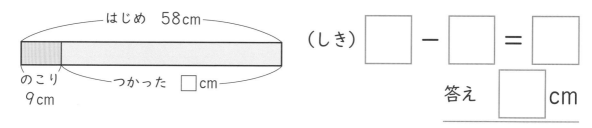

67

4 ゆかさんは, シールを 46まい もって いました。弟に
何まいか あげたので, のこりが 14まいに なりました。
　弟に 何まい あげましたか。

しき8点, 答え7点【15点】

(しき)

答え _____

5 自てん車おき場に, 自てん車が 91台 ありました。
何台か 出て いったので, のこりが 79台に なりました。
　何台 出て いきましたか。

しき8点, 答え7点【15点】

(しき)

答え _____

6 ぜんぶで 85ページの ドリルが
あります。何ページか やったので,
のこりが 56ページに なりました。
　何ページ やりましたか。

しき8点, 答え7点【15点】

(しき)

答え _____

7 さいふの 中に 90円 入って いました。店で ノートを
買ったので, のこりが 2円に なりました。
　ノートの ねだんは いくらですか。

しき8点, 答え7点【15点】

(しき)

答え _____

べんきょうは 毎日の つみかさねが だいじだよ。

答え ▶ 94ページ

33 たし算かな　ひき算かなの れんしゅう

1 教室に　何人か　いました。そこへ　7人　入って
きたので，25人に　なりました。
　教室には，はじめに　何人　いましたか。　　しき5点，答え5点【10点】

(しき)

答え＿＿＿＿＿＿＿＿＿＿

2 牛にゅうが　20dL　ありました。何dLか
のんだら，のこりが　13dLに　なりました。
　何dL　のみましたか。　　しき5点，答え5点【10点】

(しき)

答え＿＿＿＿＿＿＿＿＿＿

3 バスに　18人　のって　いました。何人か　のって
きたので，23人に　なりました。何人　のって　きましたか。
　　　　　　　　　　　　　　　　しき5点，答え5点【10点】

(しき)

答え＿＿＿＿＿＿＿＿＿＿

4 色紙を　9まい　つかったら，38まい　のこりました。
　色紙は，はじめに　何まい　ありましたか。
　　　　　　　　　　　　　　　　しき5点，答え5点【10点】

(しき)

答え＿＿＿＿＿＿＿＿＿＿

5 ビーズが 54こ ありました。何こか
つかったら, 16こ のこりました。

　何こ つかいましたか。　しき8点, 答え7点【15点】

（しき）

　　　　　　　　　　　　　　　答え _____

6 ドーナツを 売って いました。46こ 売れたので,
のこりが 19こに なりました。

　ドーナツは, はじめに 何こ ありましたか。しき8点, 答え7点【15点】

（しき）

　　　　　　　　　　　　　　　答え _____

7 さいふに 78円 入って いました。後から 何円か
入れたので, ぜんぶで 95円に なりました。

　後から 何円 入れましたか。　しき8点, 答え7点【15点】

（しき）

　　　　　　　　　　　　　　　答え _____

8 カードが 何まいか ありました。8まい もらったので,
ぜんぶで 27まいに なりました。

　カードは, はじめに 何まい ありましたか。しき8点, 答え7点【15点】

（しき）

　　　　　　　　　　　　　　　答え _____

たし算？ ひき算？ まよわずに とけたかな？

答え ▶ 94ページ

ちがいを みて①

月　日　⑩分
とく点
点

1 ひつじが 30ぴき います。ひつじは,
やぎより 10ぴき 多いそうです。
やぎは 何びき いますか。

しき5点，答え5点【10点】

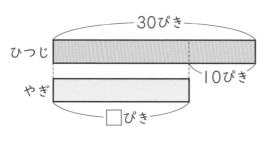

（しき）　30 － 10 ＝ 　　

答え 　　 ぴき

2 りんごが 25こ あります。りんごは, みかんより 4こ
多いそうです。

みかんは 何こ ありますか。

しき8点，答え7点【15点】

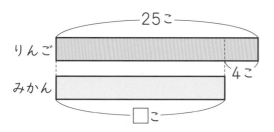

（しき）　　 － 　　 ＝ 　　

答え 　　 こ

3 青い リボンの 長さは 68cmです。青い リボンは,
黄色い リボンより 29cm 長いそうです。

黄色い リボンの 長さは 何cmですか。

しき8点，答え7点【15点】

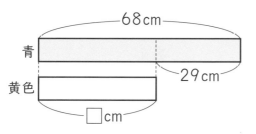

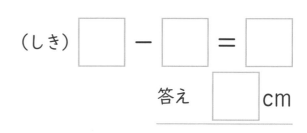

（しき）　　 － 　　 ＝ 　　

答え 　　 cm

4 いちごがりで, たけるさんは 48こ
つみました。たけるさんは, かなさんより
6こ 多く つんだそうです。
　かなさんは 何こ つみましたか。

しき8点, 答え7点【15点】

「多く」と いう ことばに
だまされては ダメだよ。

（しき）

答え _____

5 うんどう会の 玉入れで, 赤組は 61こ 入れました。
赤組は, 白組より 7こ 多く 入れたそうです。
　白組は 何こ 入れましたか。

しき8点, 答え7点【15点】

（しき）

答え _____

6 チョコレートの ねだんは 128円です。チョコレートは,
クッキーより 58円 高いそうです。
　クッキーの ねだんは いくらですか。

しき8点, 答え7点【15点】

（しき）

答え _____

7 なわとびを しました。1回めは 100回 とびました。
1回めは, 2回めより 22回 多く とんだそうです。
　2回めは 何回 とびましたか。

しき8点, 答え7点【15点】

（しき）

答え _____

もんだいを よく 読んで, ちゃんと とけたね。

答え ▶ 95ページ

月　　日　10分

とく点

点

1 花だんに，青い 花が 20本 さいて います。
青い 花は，赤い 花より 10本 少ないそうです。
赤い 花は 何本 さいて いますか。

しき5点，答え5点【10点】

（しき） 20 ＋ 10 ＝ □

答え □ 本

青い 花の 数　数の ちがい　赤い 花の 数

2 えんぴつの ねだんは 55円です。えんぴつは
ノートより 40円 やすいそうです。
ノートの ねだんは いくらですか。

しき8点，答え7点【15点】

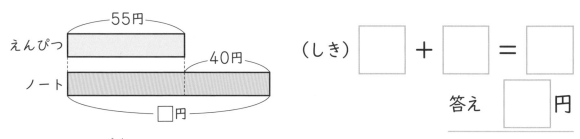

（しき） □ ＋ □ ＝ □

答え □ 円

3 どうぶつ園に，さるが います。おすは 28ひきで，
おすは めすより 15ひき 少ないそうです。
めすは 何びき いますか。

しき8点，答え7点【15点】

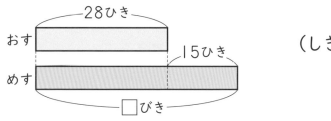

（しき） □ ＋ □ ＝ □

答え □ びき

4 えんぴつたてに，サインペンが 15本 あります。
サインペンは，えんぴつより 3本 少ないそうです。
えんぴつは 何本 ありますか。

しき8点，答え7点【15点】

（しき）

答え _____

5 とおるさんは，どんぐりを 37こ
ひろいました。とおるさんは，弟より
7こ 少なく ひろったそうです。
弟は 何こ ひろいましたか。

しき8点，答え7点【15点】

（しき）

答え _____

6 はるとさんの せの 高さは 131cmです。はるとさんは，
お母さんより 30cm ひくいそうです。
お母さんの せの 高さは 何cmですか。

しき8点，答え7点【15点】

（しき）

答え _____

7 お楽しみ会の のみもので，りんごジュースを 105本
よういしました。りんごジュースは，オレンジジュースより
38本 少なかったそうです。
オレンジジュースを 何本 よういしましたか。

しき8点，答え7点【15点】

（しき）

答え _____

ミスした もんだいは，また ちょうせんしよう！

答え ▶ 95ページ

ふえたり へったり

1 木に，はとが 14わ とまって いました。
7わ とびさって いきました。さらに 3わ
とびさって いきました。
　はとは，今 何わ いますか。

（へった 数を まとめて 考えて 答えましょう。）　　しき10点，答え10点【20点】

はじめ
14わ　　　　　　　　　　　　　へった 数

（しき）　7　＋　3　＝ □ ，　14　－ □ ＝ □

へった 数　　はじめの 数　　へった 数　　今の 数

答え □ わ

2 ちゅう車場に，車が 30台 とまって いました。
8台 入って きて，5台 出て いきました。
　車は，今 何台 とまって いますか。

（何台 ふえた ことに なるか まとめて 考えて 答えましょう。）

しき10点，答え10点【20点】

はじめ
30台　　　　　　　　　ふえた 数

入って きた 数　　出て いった 数　　ふえた 数　　　はじめの 数　　ふえた 数　　今の 数

（しき）□ － □ ＝ □ ，　□ ＋ □ ＝ □

答え □ 台

3 ぜんぶで 36ページの 本が あります。朝 8ページ,
夜 2ページ 読みました。

　　あと 何ページ のこって いますか。

（読んだ ページ数を まとめて 考えて 答えましょう。）しき10点, 答え10点【20点】

（しき）

答え _____

4 かずみさんは, おり紙を 40まい もって
います。お姉さんから 9まい もらいました。
その あと 6まい つかいました。

　　おり紙は, 今 何まい ありますか。

（何まい ふえた ことに なるか まとめて 考えて 答えましょう。）

しき10点, 答え10点【20点】

（しき）

答え _____

5 バスに, おきゃくが 22人 のって いました。
バスていで 6人 おりて, 4人 のって きました。

　　おきゃくは, 今 何人 のって いますか。

（何人 へった ことに なるか まとめて 考えて 答えましょう。）

しき10点, 答え10点【20点】

（しき）

答え _____

  おつかれさま！　今日も　がんばったね。

答え ▶ 95ページ

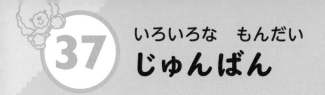

じゅんばん

1 ゆうじさんたちが １れつに
ならんで 歩いて います。
　ゆうじさんは 前から ６ばんめで,
後ろから ７ばんめに います。
　ぜんぶで 何人 歩いて いますか。

しき10点, 答え10点【20点】

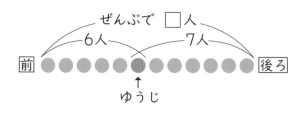

ぜんぶで □人
6人　　7人
前　　　　　　　後ろ
↑
ゆうじ

6+7＝13だと,
ゆうじさんを 2回 数えて
いる ことに なるよ。

前からの 数　　後ろからの 数　　かさなる 数　　ぜんぶの 数

(しき)　6 ＋ 7 － 1 ＝ □　　答え □人

2 14人の 子どもたちが １れつに ならんで います。
　みおさんの 前には ５人 います。
　みおさんの 後ろには 何人 いますか。　しき10点, 答え10点【20点】

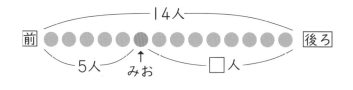

14人
前　　　　　　　　　後ろ
5人　↑　　　□人
　　みお

14-5＝9だと, みおさんの
後ろの 人数に, みおさんが
入って しまうね。

(しき)　□ － □ － □ ＝ □　　答え □人

3 本だなに, 本が ならんで います。

図かんの 左には 4さつ, 右には

3さつ ならんで います。

本は, ぜんぶで 何さつ ならんで いますか。

しき10点, 答え10点【20点】

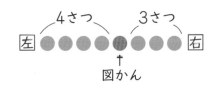

(しき)

答え _____

4 9人の 子どもたちが 1れつに ならんで います。

ゆみさんは 前から 5番めです。

ゆみさんは 後ろから

何番めですか。　しき10点, 答え10点【20点】

(しき)

答え _____

5 トランプの カードが 何まいか かさなって います。

ハートの 7は, 上から 9まいめ,

下から 6まいめに あります。

カードは, ぜんぶで 何まい ありますか。

しき10点, 答え10点【20点】

(しき)

答え _____

毎日の べんきょうで, 力が ついて いるね。

答え ▶ 96ページ

38 <ruby>いろいろな<rt></rt></ruby> もんだい
かけ算と たし算，ひき算

月　　日　10分
とく点

点

1 1まい 8円の <ruby>色紙<rt>いろがみ</rt></ruby>を 5まいと，
70円の えんぴつを <ruby>買<rt>か</rt></ruby>いました。
あわせて <ruby>何円<rt>なんえん</rt></ruby>に なりましたか。

しき5点，答え5点【10点】

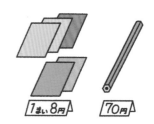

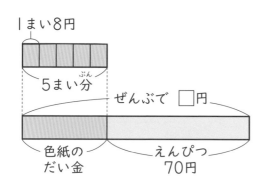

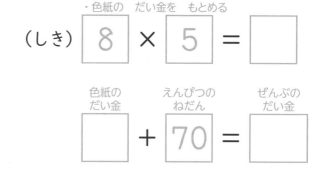

（しき）

・色紙の だい金を もとめる

$8 \times 5 =$

色紙の
だい金　　＋　70　＝　ぜんぶの
だい金

<ruby>答え<rt>こた</rt></ruby> 　　　円

2 あめが 9こずつ 入った ふくろが，4ふくろ あります。
そのうち，12こ <ruby>食<rt>た</rt></ruby>べました。
あめは 何こ のこって いますか。

しき5点，答え5点【10点】

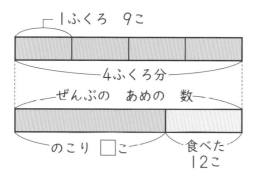

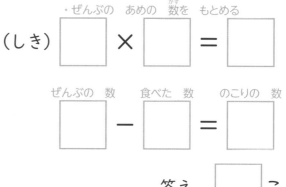

（しき）

・ぜんぶの あめの <ruby>数<rt>かず</rt></ruby>を もとめる

$\square \times \square = \square$

ぜんぶの 数　　食べた 数　　のこりの 数

$\square - \square = \square$

答え 　　　こ

3 1本 9cmの テープを 8本と, 15cmの テープを
つなげると, ぜんぶで 何cmに なりますか。

しき10点, 答え10点【20点】

(しき)

答え _____

4 1まい 7円の 色紙を 4まい 買って, 50円
出しました。おつりは いくらですか。

しき10点, 答え10点【20点】

(しき)

答え _____

5 はこに, せっけんが 3こずつ 6れつ 入って います。
5こ つかうと, のこりは 何こですか。

しき10点, 答え10点【20点】

(しき)

答え _____

6 みかんを 1人に 6こずつ, 7人に
くばったら, 8こ のこりました。
みかんは, はじめに 何こ
ありましたか。

しき10点, 答え10点【20点】

(しき)

答え _____

ここまで よく がんばったね。つぎは まとめテストだよ。

答え ▶ 96ページ

名前

月　　日　　**15**分

とく点

点

1 りくさんの　家から　学校まで，歩いて　15分
かかります。午前8時に　学校に　つくには，家を
何時何分に　出れば　よいですか。 【10点】

答え _____

2 ゆみさんの　学校の　1年生は　88人，2年生は　94人です。
つぎの　もんだいに　答えましょう。 しき5点, 答え5点【20点】
① あわせて　何人に　なりますか。
（しき）

答え _____

② どちらが　何人　多いですか。
（しき）

答え _____

3 ピアノの　はっぴょう会で，きのう　来た
人は　136人でした。今日は，きのうより
48人　多く　来ました。
　今日　来た　人は　何人ですか。
（しき）

しき5点, 答え5点【10点】

答え _____

4 おり紙が 何まいか ありました。9まい もらったので，
ぜんぶで 55まいに なりました。

　おり紙は，はじめに 何まい ありましたか。

しき8点，答え7点【15点】

（しき）

答え _____

5 1つの はこに ボールが 8こ 入って います。6ぱこ
では，ボールは 何こ ありますか。

しき8点，答え7点【15点】

（しき）

答え _____

6 ベンチが 5つ あります。

　1つの ベンチに 3人ずつ すわると，ぜんぶで 何人
すわれますか。

しき8点，答え7点【15点】

（しき）

答え _____

7 1m65cmの ぼうを プールに 立てたら，
水の 上に 55cm 出ました。

　プールの 水の ふかさは どれだけですか。

しき8点，答え7点【15点】

（しき）

答え _____

答え ▶ 96ページ

答えとアドバイス

▶まちがえた問題は，何度も練習させましょう。

▶**アドバイス**も参考に，お子さまに指導してあげてください。

おうちの方へ

① 時こくを　もとめる　　5~6ページ

1 午後３時55分

2 午前10時10分

3 午後２時20分

4 午後３時40分

5 午前11時

6 午前11時30分

7 午後４時40分

アドバイス　　時刻を求める文章題では，まず，ある時刻より後の時刻を求めるのか，前の時刻を求めるのかを正しく読み取ることが大切です。

4で，家を出る時刻は，午後４時の20分前であることに気づかせてください。

6では，午前11時をまたぐので，時刻を求めるのが難しくなります。午前10時50分の何分後が午前11時か，午前11時の何分後が求める時刻かというように順序立てて考えさせるとよいでしょう。

② 時間を　もとめる　　7~8ページ

1 25分（間）

2 ３時間

3 1時間30分

4 30分（間）

5 ２時間

6 45分（間）

7 ４時間

アドバイス　　**3**は，午後４時から午後５時までに1時間たっていることを理解させ，さらに30分たっていることから，1時間30分と求められることに気づかせましょう。

7は，正午をはさんで何時間かを考える問題です。午前10時から正午までの時間と正午から午後２時までの時間をそれぞれ求めてから，２つの時間をたすと考えると，時間を求めやすいことに気づかせましょう。

③ あわせて　いくつ①　　9~10ページ

1 しき　12+9=21

答え　21まい

2 しき　35+42=77

答え　77わ

3 しき　26+18=44

答え　44さつ

4 しき　35+34=69

答え　69人

5 しき　22+7=29

答え　29こ

6 しき　48+39=87

答え　87まい

7 しき　22+8=30

答え　30人

アドバイス　　「合併」によるたし算の文章題です。**1**の式は，9+12=21のように，たされる数とたす数を入れかえても正解です。**2**~**7**も同様です。

④ **ふえると　いくつ①** 11~12ページ

1 しき　15+7=22
　 答え　22わ

2 しき　13+24=37
　 答え　37まい

3 しき　38+13=51
　 答え　51人

4 しき　14+21=35
　 答え　35台

5 しき　33+4=37
　 答え　37こ

6 しき　48+38=86
　 答え　86こ

7 しき　57+5=62
　 答え　62回

🖉**アドバイス**　「増加」によるたし算の文章題です。増えた数をたす数としてとらえ，正しく式が書けるように指導しましょう。

　たされる数とたす数を入れかえて計算しても答えが同じになることを使って，次の1の例のように答えの確かめをさせるとよいでしょう。

1
たされる数……… 15　　　　7
たす数………… ＋ 7　　 ＋15
答え……………　 22　　　 22

⑤ **のこりは　いくつ①** 13~14ページ

1 しき　25-13=12
　 答え　12こ

2 しき　34-16=18
　 答え　18人

3 しき　27-18=9
　 答え　9こ

4 しき　79-25=54
　 答え　54こ

5 しき　50-45=5
　 答え　5円

6 しき　60-33=27
　 答え　27ページ

7 しき　38-19=19
　 答え　19本

🖉**アドバイス**　「残り」を求めるひき算の文章題です。

　図に表して考えさせる場合は，次の1の例のように，食べた数と残りを入れかえてもかまいません。

1

はじめ　25こ
食べた　13こ　　のこり　□こ
どちらを左にかいてもよい。

　また，ひき算の答えとひく数をたすとひかれる数になることを使って，次のように，答えの確かめをさせるとよいでしょう。

ひかれる数……… 25　　　　12
ひく数………… －13　　 ＋13
答え……………　 12　　　 25

　ひき算はたし算よりまちがえやすい計算です。式を正しく書けても，計算ミスで答えをまちがえるのはもったいないので，時間に余裕があるときは，たし算を使って，答えの確かめをする習慣をつけさせるとよいでしょう。

　また，3や7は，全体と部分の関係から部分を求める問題です。このような場面でも，ひき算を使って答えを求められることを理解させましょう。

⑥ ちがいは いくつ① 15〜16ページ

1 しき　24−12=12
答え　12こ

2 しき　56−33=23
答え　大人が　23人　多い。

3 しき　41−25=16
答え　16ぴき

4 しき　32−11=21
答え　21こ

5 しき　74−68=6
答え　2組が　6まい　多い。

6 しき　60−48=12
答え　12円

7 しき　32−9=23
答え　かなさんが　23回　多い。

> **アドバイス**　「差」を求めるひき算の文章題です。**2**，**5**，**7**のように，「どちらが多いか」を聞いてる問題では，「○○が△△多い。」と答えるように気をつけさせましょう。

⑦ たし算と　ひき算の　れんしゅう① 17〜18ページ

1 しき　25+23=48
答え　48さつ

2 しき　95−80=15
答え　15円

3 しき　19+8=27
答え　27わ

4 しき　31−23=8
答え　8頭

5 しき　27−8=19
答え　19本

6 しき　98−49=49
答え　49ページ

7 しき　45+36=81
答え　81人

8 しき　81−67=14
答え　スチールかんが　14こ
多い。

> **アドバイス**　たし算の問題かひき算の問題かを，文章から正しく読み取ることが大切です。
>
> 　**1**，**7**は，あわせた数を，**3**は，増えていくつになるかを求めるので，どれもたし算の問題です。
>
> 　**2**，**5**，**6**は，残りの数を，**4**，**8**は，違いを求めるので，どれもひき算の問題です。

⑧ 多い　ほうの　数を　もとめる 19〜20ページ

1 しき　11+5=16
答え　16まい

2 しき　18+6=24
答え　24こ

3 しき　45+20=65
答え　65円

4 しき　16+3=19
答え　19人

5 しき　26+12=38
答え　38こ

6 しき　33+18=51
答え　51こ

7 しき　35+5=40
答え　40さい

> **アドバイス**　次の**7**の例のように，図に表すとわかりやすくなります。

7
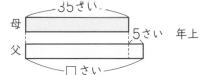

⑨ 少ない　ほうの　数を　もとめる 21~22ページ

1 しき　16−3=13
　　答え　13こ

2 しき　28−6=22
　　答え　22わ

3 しき　35−8=27
　　答え　27本

4 しき　29−5=24
　　答え　24こ

5 しき　36−24=12
　　答え　12まい

6 しき　75−20=55
　　答え　55円

7 しき　88−19=69
　　答え　69人

②アドバイス　問題の文章から，少ないほうを求めるのだから，ひき算で求められることを理解させましょう。次の**6**の例のように，図に表して考えさせましょう。

6
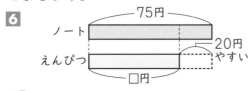

⑩ （　）を　つかった　しき 23~24ページ

1 ①　しき　6+8+2=16
　　　答え　16人

　　②　しき　6+(8+2)=16
　　　答え　16人

2 しき　8+(4+6)=18
　　答え　18まい

3 しき　9+(5+5)=19
　　答え　19ひき

4 しき　15+(7+3)=25
　　答え　25台

5 しき　58+(28+12)=98
　　答え　98円

②アドバイス　続けて増える問題を1つの式に表し，答えを求めます。このとき，順にたしてもよいのですが，増えた数をまとめて，はじめの数にたす考え方もあります。どちらの考え方で式を書いても答えは同じになること，まとめてたすときは，（　）を使って1つの式に表すことを理解させましょう。

2は，順にたすと，8+4+6=12+6=18，まとめてたすと，8+(4+6)=8+10=18となります。

⑪ あわせて　いくつ② 25~26ページ

1 しき　30+80=110
　　答え　110円

2 しき　56+72=128
　　答え　128さつ

3 しき　67+57=124
　　答え　124人

4 しき　50+70=120
　　答え　120こ

5 しき　74+85=159
　　答え　159人

6 しき　58+46=104
　　答え　104こ

7 しき　96+9=105
　　答え　105こ

②アドバイス　「合併」によるたし算の文章題ですが，（2けた）+（1・2けた）=（3けた）で，計算が複雑になってくるので，注意して計算させましょう。

12 ふえると　いくつ②

27~28ページ

1 しき　90+50=140
　　答え　140円

2 しき　57+52=109
　　答え　109ページ

3 しき　86+37=123
　　答え　123人

4 しき　80+35=115
　　答え　115だん

5 しき　66+84=150
　　答え　150わ

6 しき　99+53=152
　　答え　152さつ

7 しき　42+79=121
　　答え　121まい

● アドバイス　「増加」によるたし算の文章題ですが，答えが3けたになるので，くり上がりに注意して計算するように指導しましょう。

13 のこりは　いくつ②

29~30ページ

1 しき　130-50=80
　　答え　80まい

2 しき　109-85=24
　　答え　24ページ

3 しき　154-96=58
　　答え　58本

4 しき　138-86=52
　　答え　52こ

5 しき　150-96=54
　　答え　54円

6 しき　100-89=11
　　答え　11こ

7 しき　105-27=78
　　答え　78まい

● アドバイス　「残り」を求めるひき算の文章題ですが，(3けた)−(2けた)＝(2けた)で，計算が複雑になってくるので，くり下がりに気をつけて計算させましょう。

　(答え)＋(ひく数)＝(ひかれる数)の式を使って，答えの確かめをさせるとよいでしょう。

14 ちがいは　いくつ②

31~32ページ

1 しき　110-70=40
　　答え　40点

2 しき　125-98=27
　　答え　ともみさんが　27ページ
　　　　　多く　読んだ。

3 しき　105-47=58
　　答え　58本

4 しき　121-43=78
　　答え　78人

5 しき　157-63=94
　　答え　赤い　ばらが　94本
　　　　　多い。

6 しき　164-95=69
　　答え　69円

7 しき　105-78=27
　　答え　ゼリーが　27円　高い。

● アドバイス　「差」を求めるひき算の文章題です。

　どのような答えを求めるのかを文章から正しく読み取るように指導してください。**2**, **5**, **7**は，「いくら違うか」だけでなく，「どちらが」も答える必要があります。

15 たし算と ひき算の れんしゅう② 33~34ページ

1 しき 120−90=30
答え 30回

2 しき 39+82=121
答え 121まい

3 しき 94+86=180
答え 180本

4 しき 170−98=72
答え 72円

5 しき 96+9=105
答え 105ひき

6 しき 162−67=95
答え 絵本が 95さつ 多い。

7 しき 80+37=117
答え 117こ

8 しき 52+28=80
100−80=20
答え 20円

アドバイス たし算とひき算のどちらで答えられるかを，問題文から正しく読み取らせましょう。

8は，代金が，52+28=80(円) だから，おつりは，100−80=20(円) と求められることを理解させましょう。100−52=48，48−28=20 と求めても正解です。

16 3けたの 数の たし算 35~36ページ

1 しき 400+300=700
答え 700円

2 しき 126+49=175
答え 175こ

3 しき 800+200=1000
答え 1000まい

4 しき 638+7=645
答え 645本

5 しき 350+40=390
答え 390円

6 しき 500+700=1200
答え 1200人

7 しき 319+54=373
答え 373びき

アドバイス 「あわせた数」や「多いほうの数」を求める問題では，答えはたし算で求められることを理解させましょう。

1，3，6は，100が何個と考えて計算させましょう。6は，100が5個と7個で，あわせて12個。100が12個で，1200(人)になります。

17 3けたの 数の ひき算 37~38ページ

1 しき 800−300=500
答え 500こ

2 しき 284−9=275
答え 275人

3 しき 192−38=154
答え 154ページ

4 しき 500−200=300
答え 300こ

5 しき 1000−700=300
答え 300円

6 しき 125−7=118
答え 118cm

7 しき 562−45=517
答え 517まい

アドバイス 6は，低いほうの背の高さを求めるのだから，答えはひき算で求められることを理解させましょう。

18 3けたの 数の たし算,ひき算の れんしゅう 39~40ページ

1 しき 600−400=200
　 答え 200こ

2 しき 300+500=800
　 答え 800円

3 しき 1000−400=600
　 答え 600人

4 しき 800+300=1100
　 答え 1100まい

5 しき 412−6=406
　 答え 406人

6 しき 457+26=483
　 答え 483わ

7 しき 180−38=142
　 答え 142円

8 しき 224+48=272
　 答え 272ページ

●アドバイス　たし算かひき算か迷うときは,次の**8**の例のような図に表して考えさせるとよいでしょう。

8
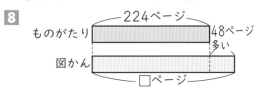

19 算数 パ ズ ル 41~42ページ

● おめでとう

+	7	19	48	21	35
17	24か	36み	65で	38き	52だ
28	35ぉ	47け	76し	49ら	63ね
30	37い	49り	78ば	51く	65ぅ
46	53し	65り	94	67	81り
14	21ひ	33く	62す	35と	49ん

❷ ありがとう

−	28	32	5	13	27
90	62し	58り	85き	77い	63す
85	57め	53ん	80く	72で	58ぅ
51	23げ	19い	46が	38せ	24た
74	46ぁ	42か	69む	61え	47る
59	31ち	27ず	54ぱ	46と	32こ

20 かけ算の しき 43~44ページ

1 (左から じゅんに) ①2, 3, 6
　②3, 4, 12
　③4, 3, 12

2 ①5×4　②2×5
　③7×3　④3×9

3 ① しき 3×8=24
　　 答え 24こ
　② しき 6×7=42
　　 答え 42こ

4 ① しき 3×4=12
　　 答え 12本
　② しき 6×5=30
　　 答え 30cm

●アドバイス　かけ算の場面を見て,式に表す練習をします。かけ算の式は,(1つ分の数)×(いくつ分)で表すことを理解させましょう。

4で,かけ算の答えをたし算で求める場合,「1つ分の数」を「いくつ分」だけたせばよいことに気づかせましょう。①の3×4は,3を4つたせばよいので,3+3+3+3=12と求められます。②の6×5は,6を5つたせばよいので,6+6+6+6+6=30と求められます。

21 5, 2, 3, 4のだんの　かけ算　45~46ページ

1 しき　5×3=15
答え　15こ

2 しき　2×4=8
答え　8こ

3 しき　3×6=18
答え　18cm

4 しき　4×5=20
答え　20こ

5 しき　2×8=16
答え　16人

6 しき　3×9=27
答え　27本

7 しき　5×2=10
答え　10円

（！）アドバイス　2～5の段の九九で答えを求めるかけ算の文章題です。
　（1つ分の数）×（いくつ分）の式が正しく書けて，答えがスムーズに出てくるかを確認させてください。

22 6, 7, 8, 9, 1のだんの　かけ算　47~48ページ

1 しき　6×2=12
答え　12こ

2 しき　7×5=35
答え　35まい

3 しき　8×7=56
答え　56本

4 しき　9×4=36
答え　36人

5 しき　1×8=8
答え　8こ

6 しき　8×6=48
答え　48こ

7 しき　6×9=54
答え　54だい

（！）アドバイス　6～9，1の段の九九で答えを求めるかけ算の文章題です。かけ算の式が正しく書けても，答えに戸惑うときは，九九の練習をさせてください。

23 かけられる数と　かける数の　かんけい　49~50ページ

1 しき　5×6=30
答え　30こ

2 しき　6×3=18
答え　18円

3 しき　4×7=28
答え　28人

4 しき　3×8=24
答え　24わ

5 しき　7×6=42
答え　42cm

6 しき　9×5=45
答え　45こ

7 しき　4×9=36
答え　36人

（！）アドバイス　かけ算の式に表すとき，「1つ分の数」と「いくつ分」を問題文から正しく読み取って，（1つ分の数）×（いくつ分）と書くことが大切です。
　2は，ガム1個の値段が6円で，その3個分だから，式は，6×3=18となります。問題文に出てくる数の順に，3×6=18と書かないように注意させてください。
　7は，シート1枚分の人数が4人で，その9枚分だから，式は，4×9=36となります。

24 ばいと かけ算 51~52ページ

1 ① しき 8×2=16
答え 16人
② しき 5×8=40
答え 40ぴき
③ しき 7×9=63
答え 63円

2 しき 2×4=8
答え 8cm

3 しき 3×7=21
答え 21さつ

4 しき 8×3=24
答え 24mm

5 しき 5×8=40
答え 40さい

6 しき 4×6=24
答え 24cm

◑アドバイス 「1つ分の量の何倍」は，「1つ分の数のいくつ分」と同じなので，答えはかけ算で求められることを理解させてください。

3は，1つ分の量が3さつで，その7倍だから，式は，3×7=21となります。

25 九九の れんしゅう 53~54ページ

1 しき 7×8=56
答え 56人

2 しき 3×2=6
答え 6人

3 しき 6×4=24
答え 24ページ

4 しき 2×9=18
答え 18m

5 しき 8×5=40
答え 40こ

6 しき 9×3=27
答え 27cm

7 しき 4×2=8
答え 8まい

8 しき 5×9=45
答え 45ひき

◑アドバイス **2**と**7**は，問題文に出てくる数が「いくつ分」，「1つ分の数」の順になっているので，式の書き方をまちがえないように注意させましょう。

26 九九を こえた かけ算 55~56ページ

1 しき 3×12=36
答え 36本

2 しき 5×11=55
答え 55ひき

3 しき 12×2=24
答え 24こ

4 しき 4×10=40
答え 40こ

5 しき 11×3=33
答え 33人

6 しき 5×12=60
答え 60まい

7 しき 13×3=39
答え 39円

◑アドバイス 九九をこえたかけ算でも，式を書くときの考え方は同じです。（1つ分の数）×（いくつ分）となるように式を書けばよいことを理解させましょう。**5**は，1チーム分の人数が11人で，その3チーム分だから，式は，11×3=33となります。

1 ① しき　2cm+6cm=8cm

　　　答え　8cm

　　② しき　8cm−5cm=3cm

　　　答え　3cm

2 しき　12m8cm−9m=3m8cm

　　答え　3m8cm

3 しき　6cm5mm+7cm

　　　　=13cm5mm

　　答え　13cm5mm

4 しき　9cm8mm−5mm

　　　　=9cm3mm

　　答え　9cm3mm

5 しき　1m20cm+20cm

　　　　=1m40cm

　　答え　1m40cm

6 しき　1m50cm−35cm

　　　　=1m15cm

　　答え　1m15cm

⚠アドバイス　　長さの和や差を求める文章題です。式に表したら，同じ単位どうしを計算すればよいことを理解させてください。

1のように，式の単位が1つのときは，単位を書かずに，①2+6=8，②8−5=3のように表してよいことも，あわせて理解させるとよいでしょう。

5では，椅子の上に立つと，全体の高さは，（背の高さ）+（椅子の高さ）で求められることに気づかせましょう。

6では，雪の深さは，（棒全体の長さ）−（雪の上に出た部分の長さ）で求められることに気づかせましょう。

1 ① しき　2L5dL+2L

　　　　　=4L5dL

　　　答え　4L5dL

　　② しき　2L5dL−2L=5dL

　　　答え　5dL

2 しき　3L2dL+8dL=4L

　　答え　4L

3 しき　4L+1L4dL=5L4dL

　　答え　5L4dL

4 しき　1L6dL−6dL=1L

　　答え　1L

5 ① しき　2L7dL+3dL

　　　　　=3L

　　　答え　3L

　　② しき　2L7dL−3dL

　　　　　=2L4dL

　　　答え　2L4dL

⚠アドバイス　　かさの和や差を求める文章題です。長さと同様に，式に表したら，同じ単位どうしを計算すればよいことを理解させてください。

1の①の式は，2L5dL+2Lだから，Lの単位どうしのかさをたすと，2+2=4で，4L。したがって，答えは4L5dLになります。

2の式は，3L2dL+8dLだから，dLの単位どうしのかさをたすと，2+8=10で，10dL。10dL=1Lだから，3Lと1Lで，答えは4Lになります。

かさの単位の関係についても，あわせて確認させておきましょう。

1L=10dL，1L=1000mL

1　しき　7+8=15
　　　答え　15こ

2　しき　4+12=16
　　　答え　16わ

3　しき　40+30=70
　　　答え　70cm

4　しき　13+9=22
　　　答え　22人

5　しき　60+20=80
　　　答え　80まい

6　しき　48+45=93
　　　答え　93ページ

7　しき　28+62=90
　　　答え　90円

●アドバイス　問題文に「あげた」,「つかった」,「のこりは」などの言葉があっても, ひき算で答えが求められるとは限らないので, 注意させましょう。

　図に表すと, たし算, ひき算のどちらで答えを求められるかがよくわかります。

　1で, 図に表すとき, 下のように, あげた数を左に, 残りの数を右にかき, 式を, 8+7=15としてもよいです。

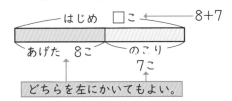

　2~**7**も同様で, 式を, **2**12+4=16, **3**30+40=70, **4**9+13=22, **5**20+60=80, **6**45+48=93, **7**62+28=90としても正解です。

1　しき　13-6=7
　　　答え　7本

2　しき　45-12=33
　　　答え　33まい

3　しき　50-26=24
　　　答え　24ひき

4　しき　28-15=13
　　　答え　13こ

5　しき　90-60=30
　　　答え　30円

6　しき　48-29=19
　　　答え　19こ

7　しき　40-8=32
　　　答え　32人

●アドバイス　問題文に「もらった」,「買ってきた」,「ぜんぶで」などの言葉があっても, たし算で答えが求められるとは限らないので, 注意させましょう。

　29回と同様に, 図に表すことで, 図のどこを求めるのかがはっきりわかり, 式をまちがえずに答えを求められます。

4
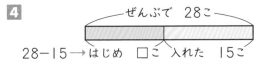

7
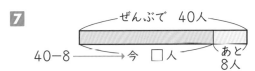

　図に表したとき, 前回のように全体を求める場合はたし算に, 今回のように部分を求める場合はひき算になることを確認させておきましょう。

31 ふえたのは　いくつ　65~66ページ

1 しき　24−12=12
　　こた
　　答え　12ひき

2 しき　38−29=9
　　答え　9こ

3 しき　22−15=7
　　答え　7こ

4 しき　68−57=11
　　答え　11まい

5 しき　70−43=27
　　答え　27ページ

6 しき　99−32=67
　　答え　67cm

7 しき　82−74=8
　　答え　8わ

アドバイス　増えた数をひき算で求める文章題です。

　式は，（全部の数）−（はじめの数）＝（増えた数）になります。図に表して，ひき算で求められることを確認させるとよいでしょう。

32 へったのは　いくつ　67~68ページ

1 しき　40−20=20
　　答え　20こ

2 しき　23−11=12
　　答え　12人

3 しき　58−9=49
　　答え　49cm

4 しき　46−14=32
　　答え　32まい

5 しき　91−79=12
　　答え　12台

6 しき　85−56=29
　　答え　29ページ

7 しき　90−2=88
　　答え　88円

アドバイス　減った数をひき算で求める文章題です。

　式は，（はじめの数）−（残りの数）＝（減った数）になります。**1**で，図に表すとき，残りの数を右にかいてもよいです。**2**～**7**も同様です。

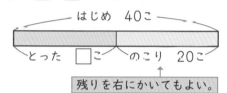

33 たし算かな ひき算かなの れんしゅう　69~70ページ

1 しき　25−7=18
　　答え　18人

2 しき　20−13=7
　　答え　7dL

3 しき　23−18=5
　　答え　5人

4 しき　38+9=47
　　答え　47まい

5 しき　54−16=38
　　答え　38こ

6 しき　19+46=65
　　答え　65こ

7 しき　95−78=17
　　答え　17円

8 しき　27−8=19
　　答え　19まい

アドバイス　図に表して確認させましょう。**4**，**6**の式は，それぞれ，9+38=47，46+19=65でも正解です。

34 **ちがいを みて①** 71~72 ページ

1 しき 30−10=20
　答え 20ぴき

2 しき 25−4=21
　答え 21こ

3 しき 68−29=39
　答え 39cm

4 しき 48−6=42
　答え 42こ

5 しき 61−7=54
　答え 54こ

6 しき 128−58=70
　答え 70円

7 しき 100−22=78
　答え 78回

●アドバイス　問題文に「多い」,「長い」,「高い」などの言葉があるので,たし算で答えを求められると勘違いしやすい文章題です。

　次の **6** の例のような図に表すと,問題文の意味を理解しやすくなります。

6
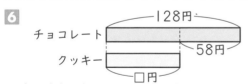

　上の図から,クッキーはチョコレートより58円安いことがわかります。

35 **ちがいを みて②** 73~74 ページ

1 しき 20+10=30
　答え 30本

2 しき 55+40=95
　答え 95円

3 しき 28+15=43
　答え 43びき

4 しき 15+3=18
　答え 18本

5 しき 37+7=44
　答え 44こ

6 しき 131+30=161
　答え 161cm

7 しき 105+38=143
　答え 143本

●アドバイス　問題文に,「少ない」,「やすい」,「ひくい」などの言葉があるので,ひき算で答えを求められると勘違いしやすい文章題です。図に表して,問題文の意味を理解させましょう。

36 **ふえたり へったり** 75~76 ページ

1 しき 7+3=10
　　　14−10=4
　答え 4わ

2 しき 8−5=3
　　　30+3=33
　答え 33台

3 しき 8+2=10
　　　36−10=26
　答え 26ページ

4 しき 9−6=3
　　　40+3=43
　答え 43まい

5 しき 6−4=2
　　　22−2=20
　答え 20人

●アドバイス　「増加」と「減少」が連続する文章題では,変化した数をまとめて,はじめの数にたしたり,はじめの数からひいたりして答えを求められることを理解させましょう。

37 じゅんばん

1 しき　6+7−1=12
　　答え　12人

2 しき　14−5−1=8
　　答え　8人

3 しき　4+1＋3=8
　　答え　8さつ

4 しき　9−5+1=5
　　答え　5番め

5 しき　9+6−1=14
　　答え　14まい

？アドバイス　「何番め」などの意味を正しくとらえて解く文章題です。図に表すことで，理解しやすくなります。

2は，14−1−5=8，**3**は，4+3+1=8，**5**は，9−1+6=14でも，それぞれ正解です。

3は，4+3=7では図鑑を数えていないことに気づかせてください。

38 かけ算と　たし算，ひき算

1 しき　8×5=40
　　　　40+70=110
　　答え　110円

2 しき　9×4=36
　　　　36−12=24
　　答え　24こ

3 しき　9×8=72
　　　　72+15=87
　　答え　87cm

4 しき　7×4=28
　　　　50−28=22
　　答え　22円

5 しき　3×6=18
　　　　18−5=13
　　答え　13こ

6 しき　6×7=42
　　　　8+42=50
　　　（42+8=50でも　正かい）
　　答え　50こ

？アドバイス　**6**は，下のような図に表して考えさせるとよいでしょう。

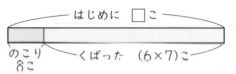

39 まとめテスト

1 午前7時45分

2 ①　しき　88+94=182
　　　　答え　182人
　　② しき　94−88=6
　　　　答え　2年生が　6人　多い。

3 しき　136+48=184
　　答え　184人

4 しき　55−9=46
　　答え　46まい

5 しき　8×6=48
　　答え　48こ

6 しき　3×5=15
　　答え　15人

7 しき　1m65cm−55cm
　　　　=1m10cm
　　答え　1m10cm

？アドバイス　**6**は，1つ分の数が3人，いくつ分が5つだから，式は，(1つ分の数)×(いくつ分) で，3×5=15になることを理解させましょう。